JN023118

＼教訓を生かそう！／

日本の自然災害史

4 気象災害

■台風・豪雨・豪雪■

監修 山賀 進

1947年のカスリーン台風では、利根川（とねがわ）などが決壊（けっかい）し、大きな被害（ひがい）が出た。（写真提供：防災科研／所蔵：米国国立公文書館）

日本の自然災害史4 目次

はじめに 山賀 進 ……………●4
気象災害をよく知るためのキーワード ……………●6
気圧と天気図・前線・線状降水帯・台風・高潮

昭和時代の気象災害

陸上での気圧の最低記録
■室戸台風 ……………●10

山崩れが市街地を襲った
■阪神大水害 ……………●12

終戦直後を襲った猛烈な台風
■枕崎台風 ……………●14

利根川や荒川を決壊させた
■カスリーン台風 ……………●16

暴風雨で青函連絡船が遭難
■洞爺丸台風 ……………●18

間に合わなかった放水路建設
■狩野川台風 ……………●20

伊勢湾最奥の市街地で大水害
■伊勢湾台風 ……………●22

「三八豪雪」と呼ばれる歴史的大雪
■昭和38年1月豪雪 ……………●24

観測史上最大級の豪雨
■昭和57年7月豪雨 ……………●26

知っておこう! エルトゥールル号遭難事故 ……28

平成以降の気象災害

冷夏で店頭から米が消えた
■1993年米騒動 ……30

各地で過去最大の積雪量
■平成18年豪雪 ……32

線状降水帯という言葉を広めた
■平成26年8月豪雨 ……34

九州を中心に記録的な豪雨
■平成29年7月九州北部豪雨 ……36

西日本で堤防決壊の甚大な被害
■平成30年7月豪雨 ……38

関東に暴風と大雨
■令和元年房総半島台風 ……40

再び東日本で記録的豪雨
■令和元年東日本台風 ……41

土石流が住宅地を直撃
■熱海伊豆山土石流災害 ……43

日本の気象災害に関する年表 ……44

おもな台風の進路 ……45

さくいん ……46

はじめに

気象災害が起こると、被災者から「こんなこと今まで経験したことがない」という声がよく聞かれます。地球ではよく起こる現象であっても（100年に１回でも１万年間では100回）、わたしたち人類の一人一人としては一生の間で一度経験するかどうかということになります。この認識の違いが防災意識を高く維持することを難しくしているともいえます。

今、気候変動が問題になっています。気候変動に関する政府間パネル（IPCC）の2023年3月のレポートでは、19世紀半ばから地球の気温は上昇し続けていること、その原因は人類が放出する二酸化炭素（CO_2）であること、すぐに対策を施さないと21世紀末にはさらに1.5 ℃以上上昇すること、そしてこのままでは超大型台風が増え、猛暑や豪雨、干ばつなどが極端になることも警告しています。2023年夏の記録的猛暑や、最近世界各地で起こった大規模な山火事なども記憶に新しいところです。

気象災害には、このシリーズで見てきた地震災害や火山災害と大きく違うところがあります。それは、完全ではないにしてもある程度の予報ができることです。気象衛星ひまわりや、地域気象観測システムAMeDAS（無人観測）などからデータが得られ、それらを処理するスーパーコンピュータもあります。そして大きな河川の改修や放水路建設なども進んできました。

実際、1959年の伊勢湾台風を最後に、1000人以上の死者を出した気象災害は起きていません。台風や大雨の予報・警報に対してすばやく適切に対応すれば、被害はさらに軽減できるのです。

山賀 進
（元麻布中学校・高等学校地学教諭）

1959年の伊勢湾台風では、名古屋市内の小学校に流木が大量に押しよせた。(写真：毎日新聞社/アフロ)

気象災害をよく知るためのキーワード

気圧と天気図

気圧は大気の重さによる圧力のことで、その大きさをhPa※という単位で表します。

気圧はあらゆる**気象**（大気中に起こるいろいろな現象）に関係しています。まわりより気圧が高いところを**高気圧**、まわりより気圧の低いところを**低気圧**といいます。大気は、気圧の高いところから低いところに向かって移動します。これが風です。一定の距離に対して気圧の差が大きいほど、強い風になります。低気圧に向かって集まってきた大気は上昇気流となり、大気に含まれていた水蒸気が上空で冷やされて雲ができ、雨や雪になることもあります。

高気圧や低気圧の位置関係などを示すものが、天気予報でよく見かける**天気図**です。高気圧と高気圧にはさまれ、帯状にまわりより気圧が低くなっているところを**気圧の谷**といいます。そこに低気圧がなくても、天気は不安定になりやすくなります。

日本の周辺には、季節によっておもに４つの高気圧が出現します。

夏に高温や高い湿度をもたらすのが**太平洋高気圧**です。この高気圧が強いか弱いかでその夏の天気は大きく左右されます。記録的な猛暑だった2023年の夏は、この高気圧の張り出しが異常に強かったことも影響しました。

高気圧と低気圧のイメージ

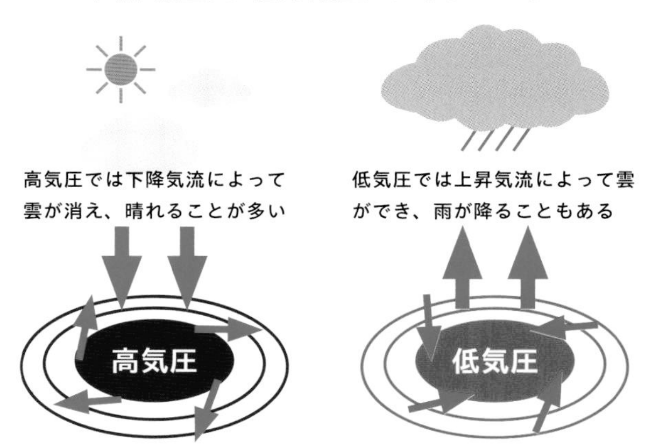

初夏から夏にかけてオホーツク海付近に出現するのが**オホーツク海高気圧**です。北東から冷たく湿った空気を北日本に送りこみます。この高気圧が強すぎると日本に冷夏をもたらします。

冬にシベリア大陸で発生する**シベリア高気圧**は日本のその年の冬の天気に大きく影響します。この高気圧が発達して日本の北西にいすわり、強い低気圧が東の海上に移動すると**西高東低**と呼ばれる典型的な冬型の**気圧配置**となります（夏は南高北低型）。この気圧配置のときに、日本海側は豪雪となり、太平洋側は乾いた晴天となることが多くなります。

春と秋によく現れるのが**移動性高気圧**です。日本に安定した晴天をもたらしますが、寒気を伴うこともあります。

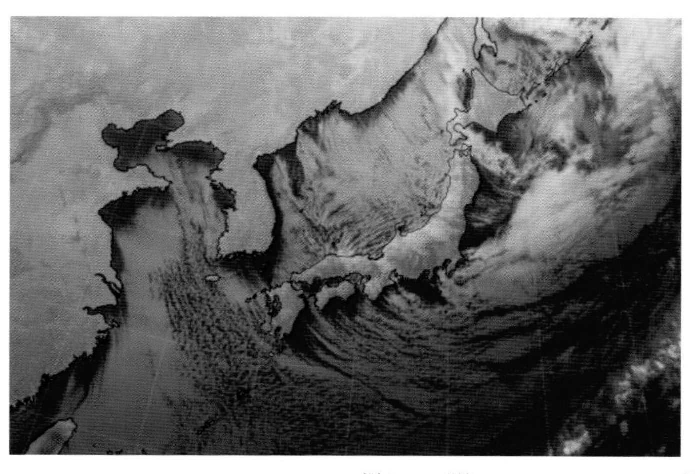

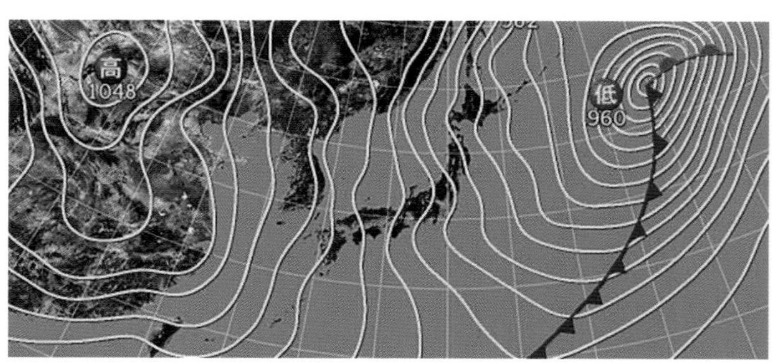

上／西高東低の冬型の気圧配置となった2020年12月31日の天気図。等圧線（同じ気圧を結んだ線）の幅が狭く、冬型の特徴を表す。左／同じ日のひまわり衛星画像。筋のような雲がたくさん見える。（Tenki.jp「2020年12月31日実況天気図・気象衛星画像」より）

※気圧の単位は1992年に、それまでのmbからhPaに変わりました。表す数値は変わらないため、本書ではそれ以前の台風についてもhPaで示しています。

前線

地上で冷たい空気と暖かい空気が接しているところを前線といいます。

暖かい空気が冷たい空気の上を上っていく前線が温暖前線です。比較的おだやかな雨が長時間降り続き、前線通過後に気温が上がる特徴があります。

冷たい空気が暖かい空気の下に入りこむ前線が寒冷前線です。積乱雲（入道雲）を発生させ、にわか雨を降らせるほか、突風が吹くこともあり、前線通過後に急激に気温が下がる特徴があります。

前線は、ふつうは低気圧とともに偏西風に乗って、西から東に移動しますが、移動せずにとどまり続けることもあります。これが停滞前線で、梅雨前線や秋雨前線などの例があります。

台風などからの暖かく湿った空気が前線に向かって流れこむと、雨雲が急速に発達し、大雨などの危険を伴うことが多くなります。

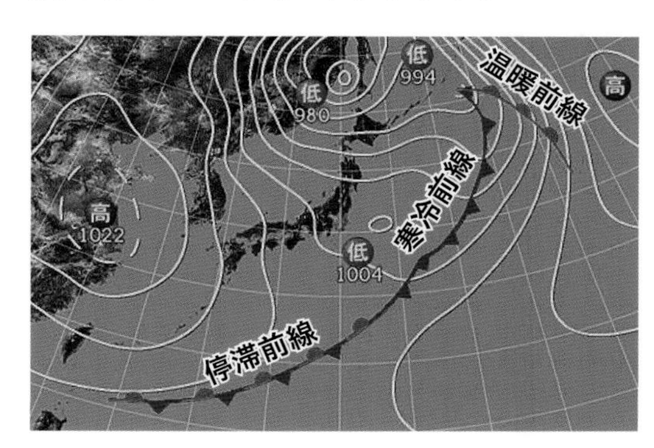

日本付近に3種類の前線が現れた天気図の例。（Tenki.jp「2020年10月24日実況天気図」をもとに作成）

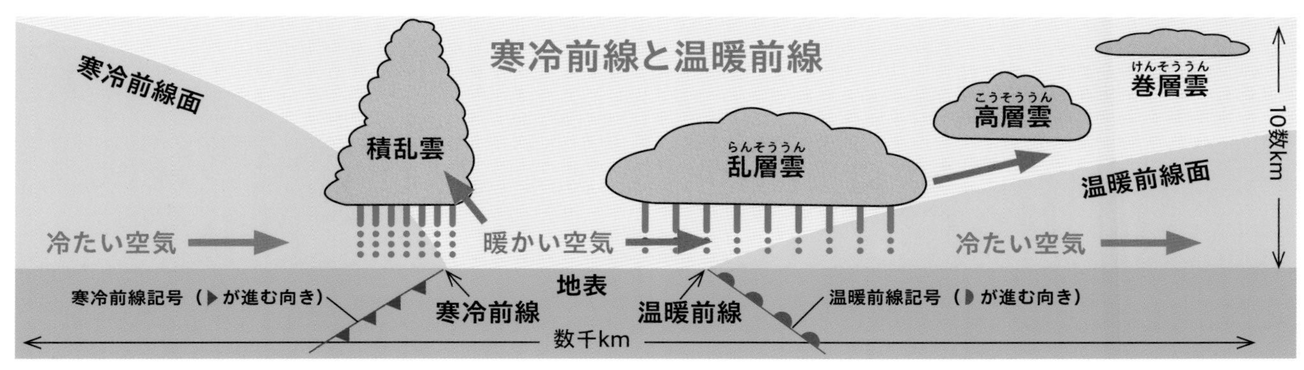

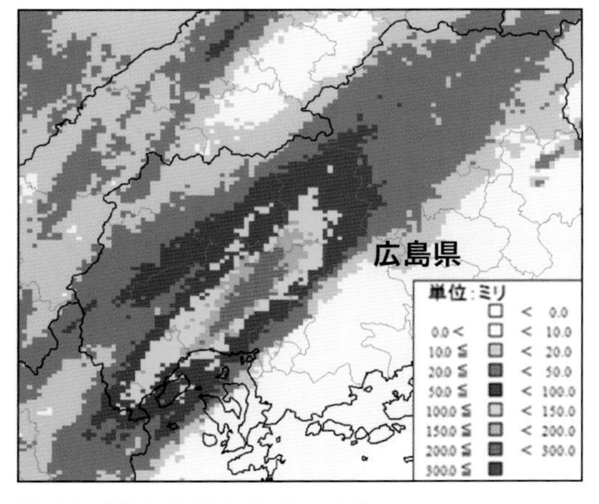

平成26年8月豪雨のときの広島県西部にかかる線状降水帯。この図は8月19日12時～20日12時までの雨量をまとめたもので、同じところに豪雨が集中したことを示している。（気象庁ホームページより）

線状降水帯

積乱雲が次から次に発生、発達して風に流され、列になって同じ場所に豪雨が続く降水域のことを線状降水帯といいます。線状降水帯は、長さ50kmから300km、幅20kmから50kmにもおよび、災害の原因になる可能性が高くなります。

広島市などに大きな被害をもたらした2014年の平成26年8月豪雨（→P34）のときから、この言葉は天気予報にもよく登場するようになりました。

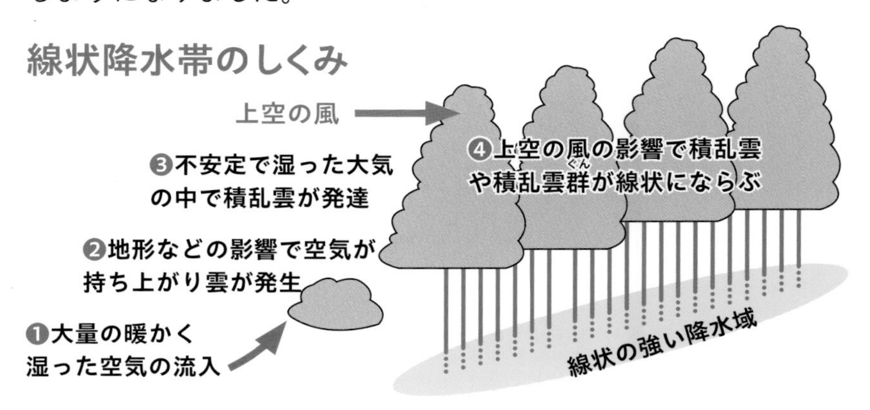

台風

日本のはるか南の熱帯地方の海上でできる、前線を伴わない低気圧を**熱帯低気圧**といいます。暖かい海からの大量の水蒸気が、渦を巻きながら空中に上昇して発生します。このうち、中心の風速が秒速17.2mを超えるものが**台風**です。

台風の勢力は次のように表されます。

台風の強さ（最大風速・m/s）

※m/sは秒速を表す単位

強い…………33m/s以上～ 44m/s未満

非常に強い…44m/s以上～ 54m/s未満

猛烈な………54m/s以上

台風の大きさ（強風域の半径）

※強風域とは秒速15m以上の風が吹く範囲

大型…………500km以上～ 800km未満

超大型………800km以上

天気予報などでは、強さと大きさの組み合わせで「大型で非常に強い」などと表現されます。

日本に台風が最も多く接近するのは7月～ 10月で、１年におおむね10以上の台風が接近します。各地に大雨や強風をもたらし、建物の倒壊、高潮や川の決壊による洪水や浸水、土砂崩れなど、過去に大きな被害を何度も出しています。

台風では、強い風が中心に向かって反時計回りで吹きこみます（上図）。このため、台風の進路の右側では、台風の進む向きと吹きこむ強風が同じ向きになるため、強風などの被害が出る可能性が大きくなります。

九州に接近する台風。巨大な目がはっきりと見える。（NASA）

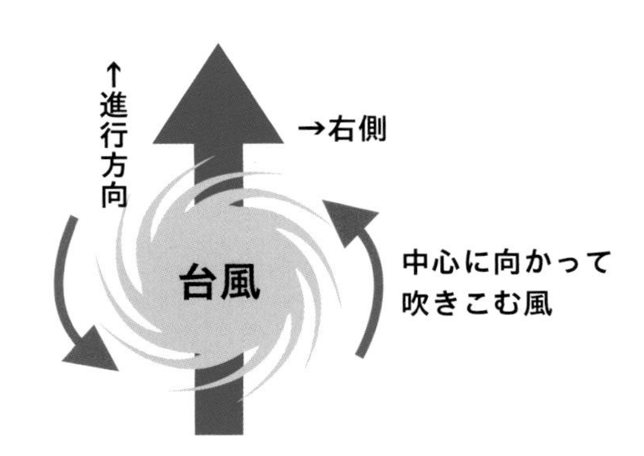

高潮被害はこうして起こる

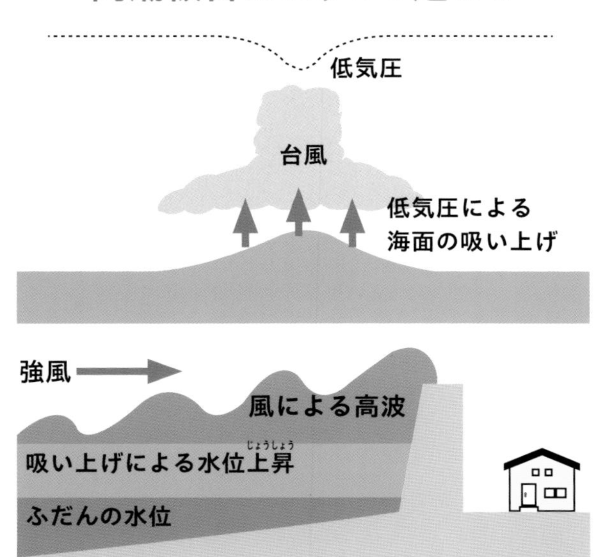

高潮

台風の被害のうち、沿岸部や平野部に大きな被害をもたらすのが**高潮**です。台風や大きな低気圧が海上を通過するときに生まれる、海面の高まりのことをいいます。

台風によって気圧が下がると、海水が吸い上げられ、ふだんより水位が上がります。そこに沖から押しよせる台風の高波が重なって堤防を越え、市街地などへの浸水を招くのです。満潮時はさらに危険になります。

過去に1934年の室戸台風（→P10）、1959年の伊勢湾台風（→P22）などで、高潮による甚大な被害が出ています。

〈1926年－1989年〉
昭和時代の気象災害

1954年9月26日、青函連絡船「洞爺丸」が暴風雨と高波で遭難。おびただしい数の犠牲者が出た。（写真：毎日新聞社/アフロ）

大阪市の安治川では荷船が民家に入りこんだ。（写真：毎日新聞社 / アフロ）

陸上での気圧の最低記録

室戸台風

●1934（昭和9）年9月21日

9月21日午前5時、高知県室戸岬付近に超巨大な台風が上陸しました。上陸時の中心気圧は911.6hPaで、当時の陸上での気圧の世界最低記録となり、強風と高潮（→ P8）で京阪神を中心に3000人以上の死者・行方不明者が出ました。上陸した地点の地名から室戸台風と呼ばれています。

室戸台風はその後、四国から淡路島を通って午前8時ごろに神戸市付近に再上陸しました。

このとき、最大瞬間風速60m/s以上を記録するなど、四国から近畿にかけて激しい暴風雨となりました。大阪湾では4m以上の高潮が発生し、大阪府で約1900人が死亡。全小中学校の教室の2割が失われ、児童生徒676人と教員18人が校舎の下敷きになって亡くなりました。多くの小学生が命を落としたのは、木造校舎の学校が多く、また午前8時ごろの登校時間に最も勢力が強まったことによるものでした。

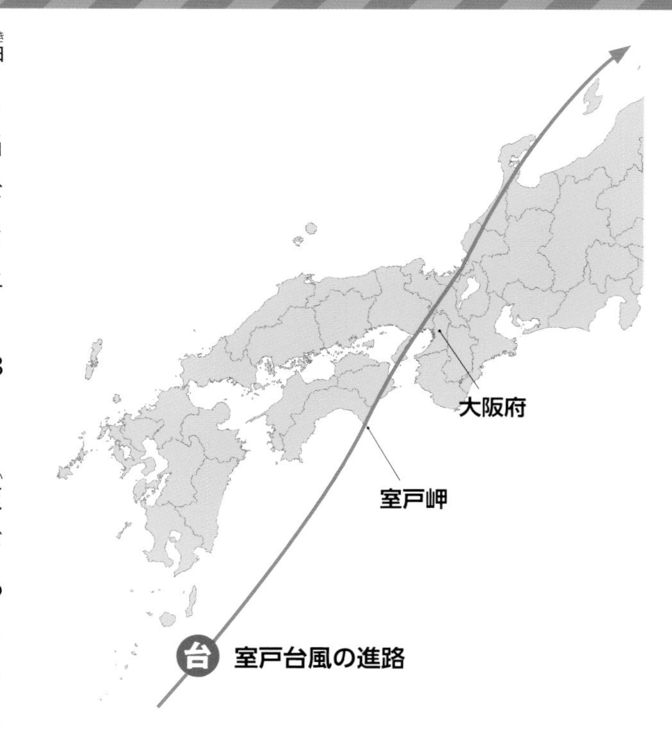

この台風では、大阪市内の240校あまりの小学校のうち、倒壊をまぬがれたのは、鉄筋コンクリート造りの校舎や、当時の耐震基準で建設された校舎など、ごく一部でした。これを重く見て、大阪市などでは校舎の鉄筋コンクリート化が進められました。

この台風をきっかけに「高潮」という言葉もよく知られるようになりました。高潮は台風などの低気圧によって水位が大きく上昇し、波が高くなることをいいます。大阪市では、海岸から4km以上も離れたところまで浸水の被害が広がりました。

また気象台では、当時風速10m/s以上の台風について、一律に「暴風警報」を発令していましたが、この台風をきっかけとして、特に重大な被害が予想される場合には「暴風特報」として区別するようになりました。さらに現在は「特別警報」になっています。

大阪府の小学校では、室戸台風の犠牲となった児童の合同葬が行われた。(写真：毎日新聞社 / アフロ)

室戸台風で犠牲になった児童生徒・教職者の慰霊のために、1936年に大阪城公園内にたてられた教育塔。

がれきで道がふさがれた阪神そごう前。（阪神大水害デジタルアーカイブより）

山崩れが市街地を襲った

阪神大水害

●1938（昭和13）年7月3日～5日

この年、6月末から熱帯低気圧が梅雨前線（→P7）を刺激して列島各地で大雨を降らせていました。7月に入ると中部・近畿地方で被害が拡大し、崖崩れが相次ぎました。この水害による死者・行方不明者は920人以上に上りました。

特に兵庫県神戸市では、7月3日～5日の3日間で400mmを超える大雨が降って川が氾濫しました。最も激しく降ったのが5日の午前中で、六甲山地では山崩れが起きて大量の土砂や流木が流れ下り、市街地を見わたすかぎりの泥とがれきの山に変えてしまいました。神戸市だけで616人が亡くなりました。

六甲山地は江戸時代ははげ山で洪水をよく起こしていたため、明治に入って植林されました。しかし山の上まで宅地化が進み、降った豪雨が土砂や木々といっしょに流れ下って被害を大きくしたのです。この水害は、神戸という近代都市の都市型水害の最初の例とされます。

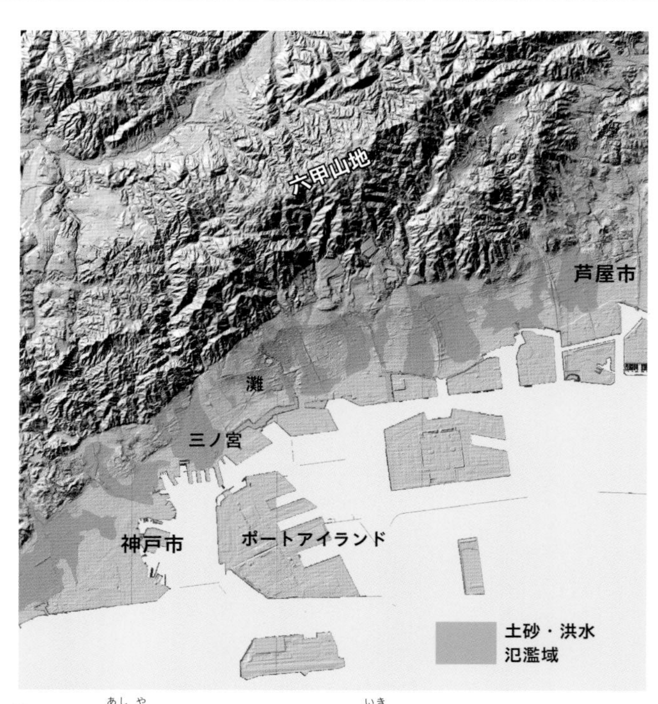

神戸市と芦屋市の土砂・洪水氾濫域。（1939年神戸市役所資料をもとに国土地理院陰影起伏図に加筆して作成）

デパート阪神そごう前に押しよせた猛烈な濁流。（阪神大水害デジタルアーカイブより）

神戸市有数の繁華街、栄町通にもがれきが押しよせ、腰まで水につかって歩く人々。（阪神大水害デジタルアーカイブより）

国鉄芦屋駅付近も泥の海と化した。（阪神大水害デジタルアーカイブより）

神戸市の背後にそびえる標高931mの六甲山は、都市部のすぐ近くに豊かな自然があることでハイカーなどに人気があります。しかし、山の北側のゆるやかな斜面に対し、神戸の市街地に向かって広がる南側は「表六甲」と呼ばれ、急勾配になっています。このため、ひとたび豪雨になると表情を一変させ、市街地に洪水を発生させる危険が高いのです。

神戸市などに甚大な被害が出たこの水害では、六甲山地の2727か所で山崩れが起きました。これをきっかけに、六甲山地の砂防事業が本格化しました。

1967年７月の集中豪雨で、神戸市の１時間の雨量が阪神大水害のときを上回りましたが、建設された砂防ダムが大量の土砂の市街地への流入をくい止めたと考えられています。

神戸ポートタワーがたつ現在の神戸港。すぐ裏側に急勾配の六甲山地が連なっている。

屋根に大きな被害を受けた気象台枕崎測候所。（写真：毎日新聞社/アフロ）

終戦直後を襲った猛烈な台風

枕崎台風

●1945（昭和20）年9月17日

9月17日、沖縄付近を北上していた台風16号が鹿児島県枕崎市付近に上陸しました。上陸時の気圧（→ P6）は916.1hPaで、室戸台風（→ P10）で観測された911.6hPaに次ぐ低い記録となりました。また枕崎で最大瞬間風速62.7m/sを記録する強烈な風を伴った台風で、瀬戸内海を通って日本海に入り、山形県酒田市付近で再上陸。東北地方を横断して三陸沖に抜けました。

戦後間もない時期で気象情報が少なく、防災体制も不十分で、全国で死者2473人、行方不明者1283人という多くの犠牲者を出しました。特に広島県で被害が大きく、各地で土砂崩れが発生。2000人以上の死者・行方不明者を出しました。病院も被害にあい、100人以上の原爆症の患者たちが亡くなりました。

この枕崎台風と、1934年の室戸台風、1959年の伊勢湾台風（→ P22）を「昭和の三大台風」と呼んでいます。

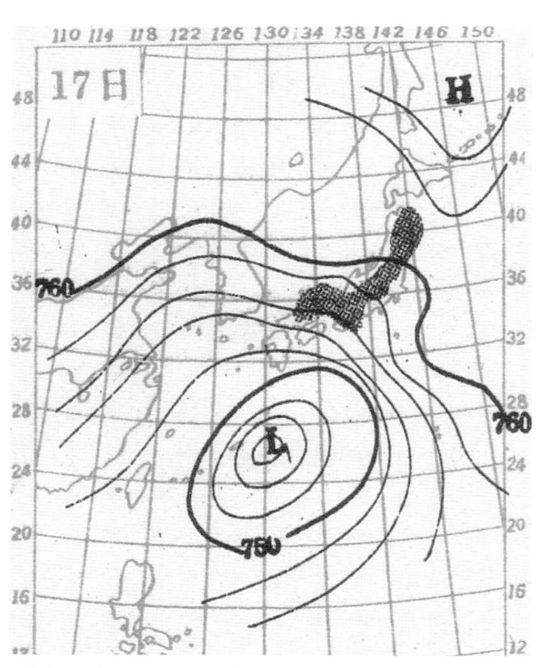

9月17日午前6時の天気図。（気象庁ホームページより）　天気図中のHは高気圧、Lは低気圧の中心の位置を示す。（気圧の単位は当時使用されていたmmHg）

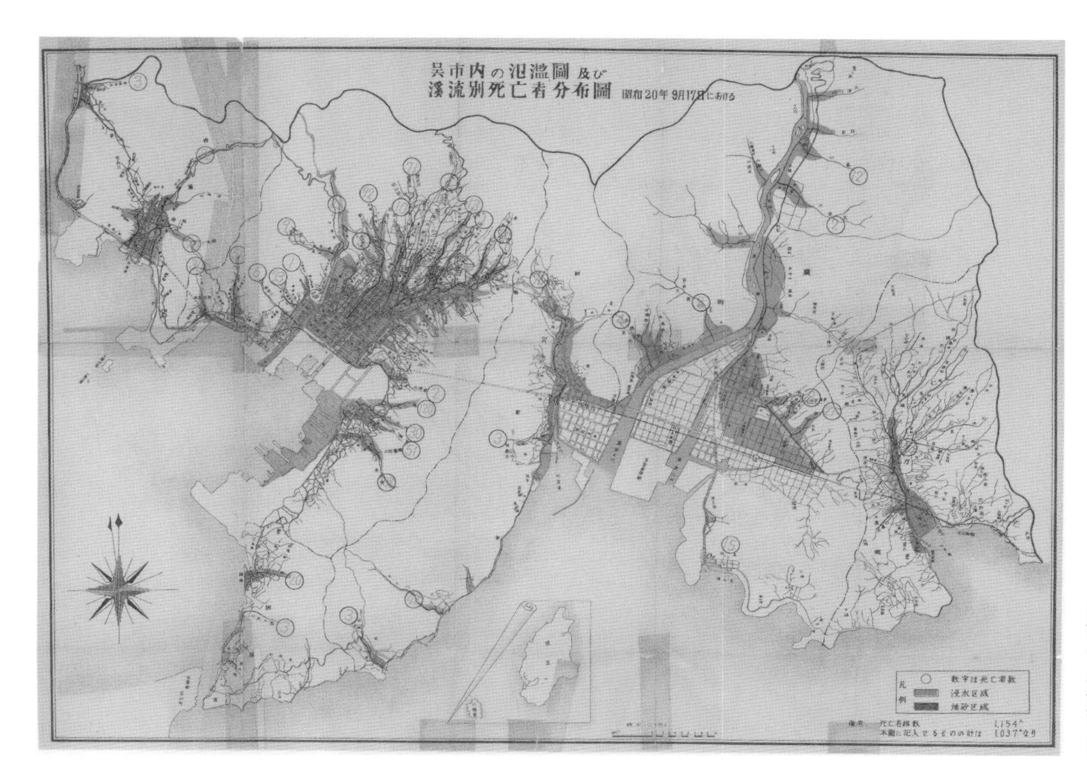

広島県呉市の被災のようす。河川沿いに被害が広がっている。呉市内だけで1100人以上が犠牲になった。(土砂災害ポータルひろしまより)

デルタ（三角州）地帯の上に発展してきた広島市は過去に何度も大きな水害に見舞われ、江戸の昔から治水事業がさかんに行われてきました。この枕崎台風の被害が広島市で甚大になったのは、戦争が激化するにつれ、山林の整備や治水事業が後回しにされてきたのが背景にあるとされました。

広島市の市街地を流れる太田川は、川沿いに平和記念公園や原爆ドームなどの主要な施設がある市民にとって重要な川です。昭和初期からこの川で行われ、戦争でなかなか進まなかった治水の大規模工事が、枕崎台風をきっかけに1951年に再開されました。

太田川の流れをふたつに分ける放水路（氾濫を避けるために、人工的に他の河川や海に水を放流させる施設）をつくるという一大事業は1968年に終了。広島の市街地を水害から守る市民の悲願「太田川放水路」が完成しました。広島市の原爆からの復興と今日の発展は、この太田川放水路なしに語ることはできないといわれています。

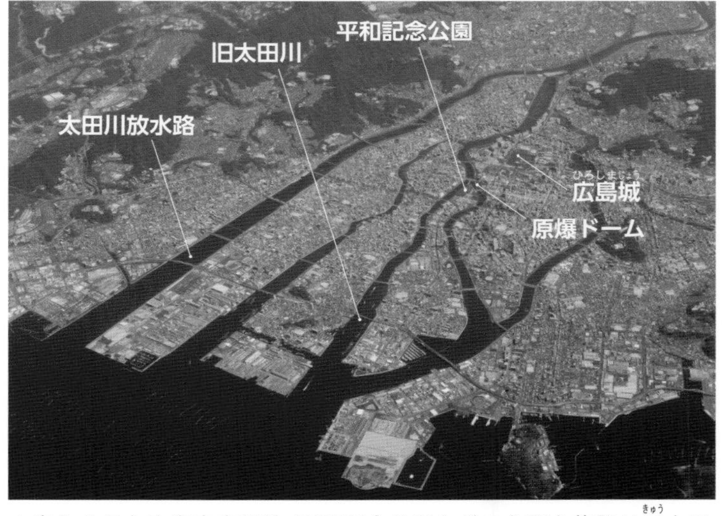

上空から見た広島市市街地。平和記念公園などの主要な施設は旧太田川沿いに点在している。

太田川放水路の川べりは緑地公園として整備されている。

利根川が決壊し、埼玉県熊谷市などが浸水した。（写真提供：防災科研／所蔵：米国国立公文書館）

利根川や荒川を決壊させた

カスリーン台風 ●1947（昭和22）年9月15日

9月11日、日本のはるか南方で発生したカスリーン台風は、発達しながら太平洋を北上し、本州に停滞していた秋雨前線（→ P7）の活動を活発にして大量の雨を降らせました。特に13日からの3日間の総雨量は利根川上流で300mmを超え、埼玉県大利根町付近で利根川と荒川を決壊させました。洪水で関東地方は一面の泥の海と化し、氾濫した水が埼玉県や東京都まで到達して被害が拡大しました。

また、群馬県の人的被害が特に大きく、赤城山など山間部の土砂災害などにより、死者・行方不明者は群馬県だけで約700人、全国で1900人を超えました。

敗戦後の日本は1952年まで連合国に統治されていたため、1953年5月まで台風にはアメリカ風にアルファベット順でアメリカ女性の名前がつけられていました。

また、この台風は勢力に比べて降雨量が多い、典型的な「雨台風」でした。

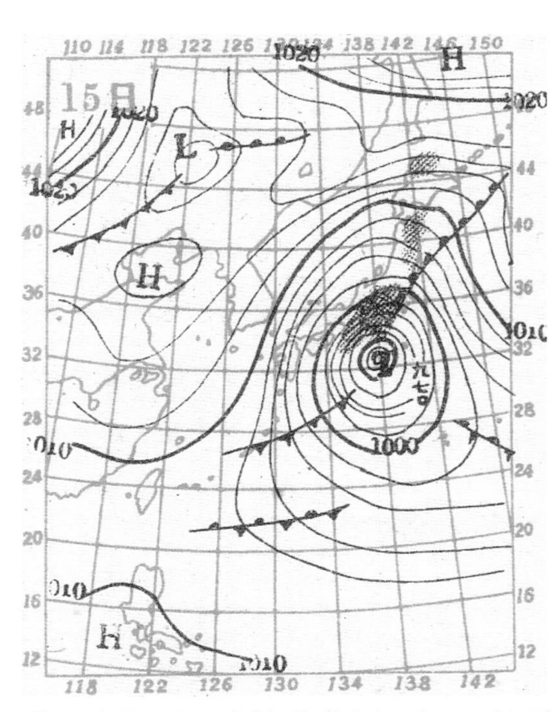

9月15日午前3時の天気図。（気象庁ホームページより）

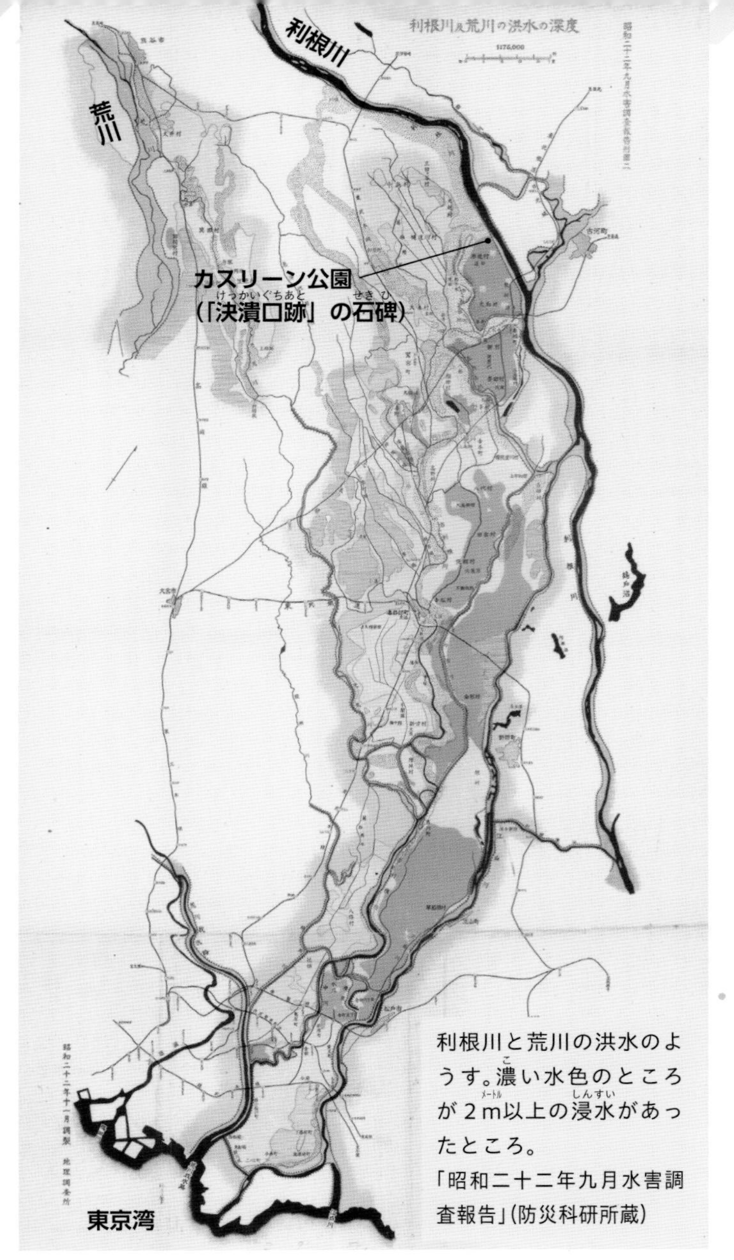

利根川と荒川の洪水のようす。濃い水色のところが2m以上の浸水があったところ。
「昭和二十二年九月水害調査報告」（防災科研所蔵）

一面の泥の海の中を船で避難する人々。（写真提供：防災科研／所蔵：米国国立公文書館）

鉄道の高架橋に避難する人々。いかだで移動する人も見える。（写真提供：防災科研／所蔵：米国国立公文書館）

カスリーン台風で利根川が決壊した場所にたつ「決潰口跡」の石碑。水害を忘れないようにするために、埼玉県加須市に整備された「カスリーン公園」の入り口にある。

洞爺丸の船体の引き起こし作業のようす。(写真：毎日新聞社/アフロ)

暴風雨で青函連絡船が遭難

洞爺丸台風

●1954(昭和29)年9月26日

9月21日に西太平洋のミクロネシア付近で発生した台風15号は、非常に速い速度で26日に鹿児島県に上陸しました。その後、四国、中国地方に次々と再上陸して一度は勢力がおとろえたものの、日本海に進んで再び勢力を盛りかえし、日付が変わるころ北海道の稚内市付近に達しました。北海道の各地で最大瞬間風速30m/sの風が吹き荒れました。

この台風で、函館港を出港した５隻の青函連絡船（貨物船を含む）が暴風雨と高波で遭難しました。特に1337人の乗客をのせた洞爺丸は、函館港付近で沈没し、乗員乗客1139人が亡くなる大惨事となりました。これは日本の海の事故として最悪の犠牲者数となりました。

また北海道岩内町ではフェーン現象※で大規模な火災が発生し、3300戸が焼失する事態となりました。この台風は豪雨による災害の少ない典型的な「風台風」でした。

※湿った空気が山を越えて乾燥した高温の風に変わって起こる気温上昇

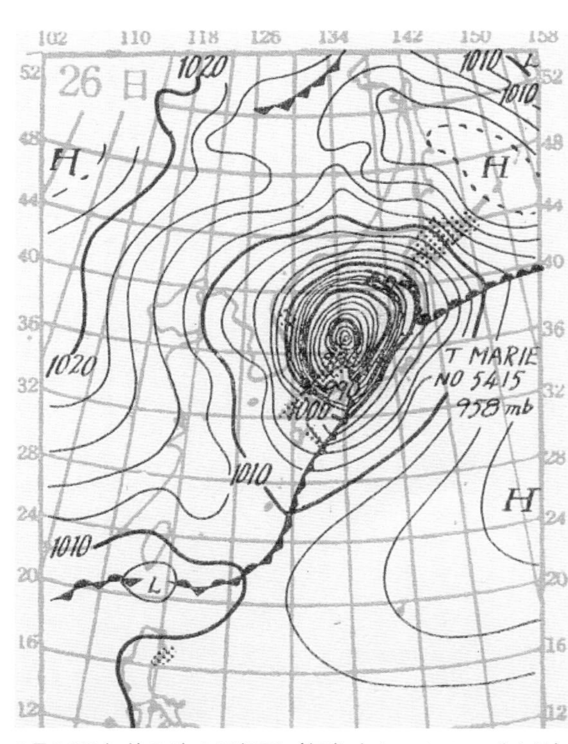

9月26日午前９時の天気図。(気象庁ホームページより)

函館湾内の七重浜で、打ち上げられた救命具や洞爺丸乗客の遺留品の回収作業が行われた。（写真：ZUMA Press/アフロ）

教訓はどう生かされた?

9月26日午後7時過ぎ、風速50m/s以上ともいわれる暴風が吹くなか、青函連絡船の洞爺丸は函館港を出港。まもなく航行不能となっておよそ3時間後に函館湾内で転覆しました。この事故は戦争以外では世界有数の海難事故のひとつに数えられています。

その後の調べで、さまざまな要因が重なって出港が遅れたこと、台風の進路予想が現代ほど発達しておらず、天候の状況を読み違えたことなどがこの事故を起こした原因とされました。

この事故をきっかけに、本州と北海道を海底トンネルでつなぐという戦前からの構想が一気に具体化することにつながったといいます。

青函トンネルの開通に伴い、1988年3月、青函連絡船の貨物便をのぞく通常運航が終了しました。そして2016年には、青函トンネルを経由して、青森県の新青森駅と北海道の新函館北斗駅が北海道新幹線で結ばれました。

「洞爺丸」より大型の青函連絡船「摩周丸」。もと函館桟橋に現在も保存展示されている。青函フェリーは別のターミナルから現在も運航されている。

青函トンネルを抜けた北海道新幹線。東京～新函館北斗間を、最速4時間弱で結ぶ。

流木で埋まった伊豆長岡町（現・伊豆の国市）の千歳橋。（写真：毎日新聞社/アフロ）

間に合わなかった放水路建設

狩野川台風

●1958（昭和33）年9月26日

9月21日、グアム島近海で台風22号が発生しました。その後、台風は猛烈な勢力を維持しながら、26日の午後9時ごろに静岡県の伊豆半島南端をかすめ、日付が変わるころに関東に上陸しました。

中心気圧877hPaを観測するなど、大型で猛烈な台風となったため、関東各地に多大な被害をおよぼしました。静岡県の伊豆半島では名の由来になった狩野川が氾濫して、県内の死者・行方不明者は1046人、全国で1269人に上りました。

この台風は風による被害は少なかったものの、南海上にあった前線の活動が活発になったため、関東各地で豪雨が続き、市街地の道路が川のようになりました。4日たっても水が引かない地域もありました。

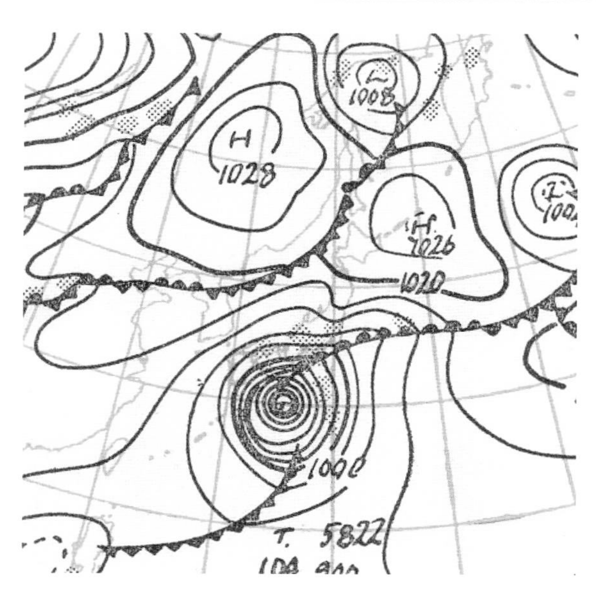

9月26日午前9時の天気図。（気象庁ホームページより）　このあと、台風22号は神奈川県鎌倉市付近に上陸した。

9月30日の東京都足立区のようす。台風通過から4日たっても、まだ水が引かず、住民は不便を強いられた。（写真：毎日新聞社/アフロ）

伊豆半島北部を北に向かって流れる狩野川は、過去何度も氾濫を起こし、治水が大きな課題になっていました。

1951年、狩野川の流れを変える「狩野川放水路」の建設が着工されたものの、完成する前に狩野川台風によって過去最大の水害を出してしまいました。

この水害によって工事内容がさらに見直され、当初2本のトンネルで計画されていた水路を3本に変更。着工以来14年をへて1965年に完成しました。狩野川から分かれて沼津市沿岸へ注ぐ約3kmの人工水路になり、狩野川の洪水を防ぐ大きな役割をになっています。

おだやかな流れを見せる現在の狩野川。青い鉄橋が千歳橋。

3つのトンネルを持つ狩野川放水路。トンネルの向こう側が沼津市の沿岸。

名古屋市南区の小学校に大量に押しよせた流木。（写真：毎日新聞社/アフロ）

伊勢湾最奥の市街地で大水害

伊勢湾台風

●1959（昭和34）年9月26日

9月26日午後６時すぎ、紀伊半島南端に最大風速45.4m/sの巨大台風が上陸しました。台風は午後９時半ごろ名古屋市に最接近したあと、日本海に抜け、再び東北地方へと進みました。

この台風による各地の被害は戦後最大となりました。特に水深の浅い伊勢湾奥部の三重県・愛知県の市町村では、台風接近が満潮時にあたり、高潮（→P8）が発生。想定された潮位を１m近くも上回って浸水域が一気に広がり、大災害となりました。愛知県半田市では高潮が130戸をのみ、死者が200人におよびました。死者・行方不明者は全国で5000人を超え、東日本大震災、阪神・淡路大震災につぐ犠牲者の数となりました。

名古屋港内の貯木場からは大量の原木が流れ出し、直径１m、長さ5m、重さ数ｔの原木が次々と木造住宅を倒すなどして被害が拡大。名古屋市の海抜0m地帯では４か月以上も水が引かない事態となりました。

9月26日午前9時の天気図。（気象庁ホームページより）
9月26日は、洞爺丸台風や狩野川台風が上陸したのと同じ日で、「台風の特異日」と呼ばれるようになった。

三重県桑名市の河川の決壊現場。台風通過のおよそ3週間後（10月17日）になってようやく締め切り（川の水の流入を防ぐこと）に成功した。（写真：毎日新聞社/アフロ）

知多半島から三河湾にかけては、1953年の台風15号で高潮による被害を受けていました。このため、この地域では避難指示が早く出され、被害が少なく食い止められました。一方、当時被害が少なかった名古屋市などでは、避難指示が遅れて多くの犠牲者が出ました。

この台風の被害は日本の社会全体に大きな衝撃を与えました。日本の国や地方自治体の防災体制の原点ともいえる「災害対策基本法」は、その２年後に制定されました。特に名古屋市の湾岸では広域の危険区域が設定されることになりました。

1961年９月に発生し、伊勢湾台風を上回る勢力に発達した第二室戸台風では、大阪市などに甚大な被害を出しましたが、高潮災害の怖さに危機意識を高めていた名古屋市では、迅速な避難が行われて、被害は最小限にとどまりました。

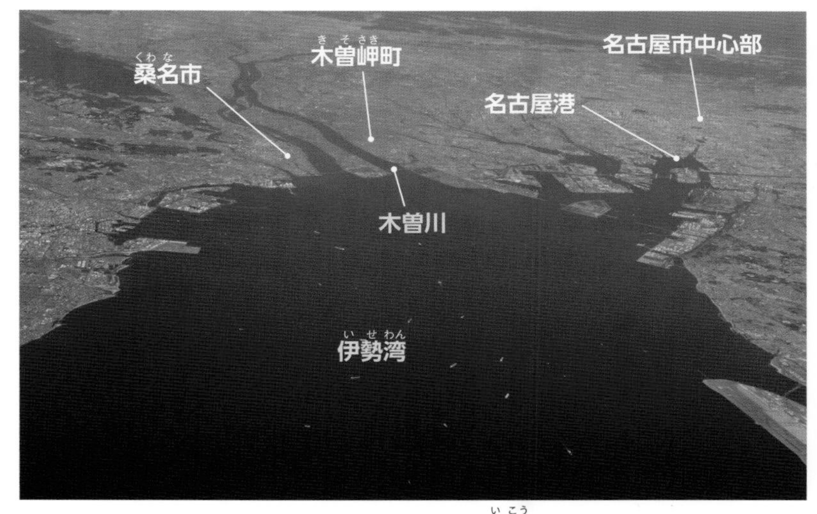

上空から見た現在の名古屋市付近。伊勢湾台風以降、高潮による大きな水害は起きていない。

伊勢湾の最奥にある三重県木曽岬町では、伊勢湾台風の浸水の被害を忘れないようにと、最高潮位（3.89m）が示されている。

山形県小国町の商店街で看板と同じ高さを歩く人々。（提供：小国町総務企画課）

「三八豪雪」と呼ばれる歴史的大雪

昭和38年1月豪雪 ●1962（昭和37）年12月～

1962年12月末から約１か月にわたり、北陸地方を中心に東北地方から九州にかけて広い範囲で雪が降り続けました。被害が広がった昭和38年から「三八豪雪」と呼ばれています。

西高東低の典型的な冬型の気圧配置（→P6）が続くなか、全国的に平均気温が３℃前後も低くなったほか、前線（→P7）や低気圧の通過で、平野部で多くの降雪がありました。積雪が新潟県長岡市で318cm、富山県高岡市で225cmを観測するなど、日本海側の各地で歴史的な豪雪となりました。

鉄道は止まり、道路の除雪が追いつかないため、山間部で孤立する集落が多数出たほか、雪の重みによる家屋や施設の倒壊も相次ぎました。死者・行方不明者は全国で231人におよびました。

また、このとき富山県や北海道の山では大学山岳部の遭難事故も相次いで発生し、20人以上が死亡しました。

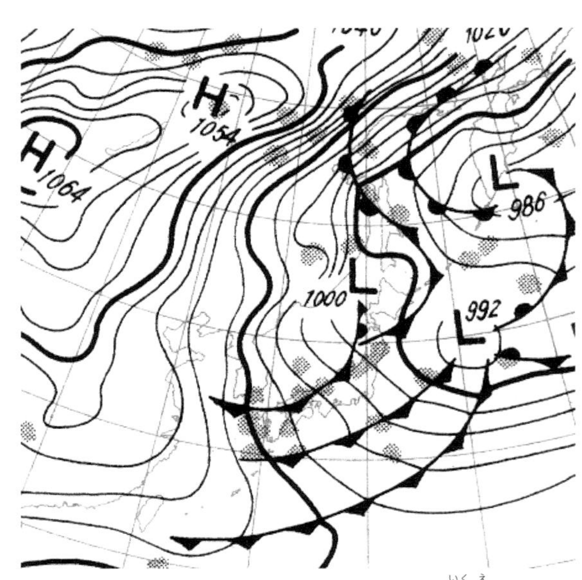

1963年1月24日の天気図。日本列島周辺に幾重もの前線ができている。（気象庁ホームページより）

福井県の国鉄福井駅では、ホームに入りこんだ雪の除雪作業が行われた。(デジタルアーカイブ福井より)

福井市の街中でスキーに興じる子どもたち。(デジタルアーカイブ福井より)

電線をくぐって歩く福井市民。(デジタルアーカイブ福井より)

この豪雪災害では、新潟県の各地などで長期にわたる鉄道・道路の不通によって住民の生活や産業に大きな被害がもたらされました。

しかし、1961年から消雪パイプ(アスファルトの道路上に地下水を散水する施設)を導入していた長岡市の一部では、そこだけ道路が雪で埋まることがなかったといいます。

長岡市で発案された消雪パイプは、これをきっかけに急速に全国に普及し始めることになりました。

消雪パイプ。水をくみ上げすぎて地盤沈下を起こすこともある。

長崎市の観光名所眼鏡橋も大きく損傷した。（写真：毎日新聞社/アフロ）

観測史上最大級の豪雨

昭和57年7月豪雨 ●1982（昭和57）年7月23日～25日

1982年の梅雨末期、７月10日から20日にかけて西日本の各地でほぼ毎日大雨が降り続いていました。

さらに23日から25日には、低気圧が次々と通過して梅雨前線（→P7）の活動がより活発になりました。特に長崎県では、23日の夜から24日の未明にかけて１時間に187mmの猛烈な雨※を記録、１日の降水量が448mmとなりました。

この大雨により、長崎市内を中心に土石流や河川の氾濫、崖崩れなどが発生しておよそ300人が死亡するなど、甚大な被害を受けました。梅雨末期の典型的な集中豪雨で、日本の観測史上最大級ともいえる豪雨でした。

気象庁は７月23日～25日の大雨を「昭和57年7月豪雨」と命名。また、被害が大きかった地元長崎県を中心に、「長崎豪雨」「長崎大水害」などとも呼んでいます。

※気象庁では１時間の雨量が 80mm 以上の雨を「猛烈な雨」と呼び、「圧迫感や恐怖心を感じる」ような雨としている。

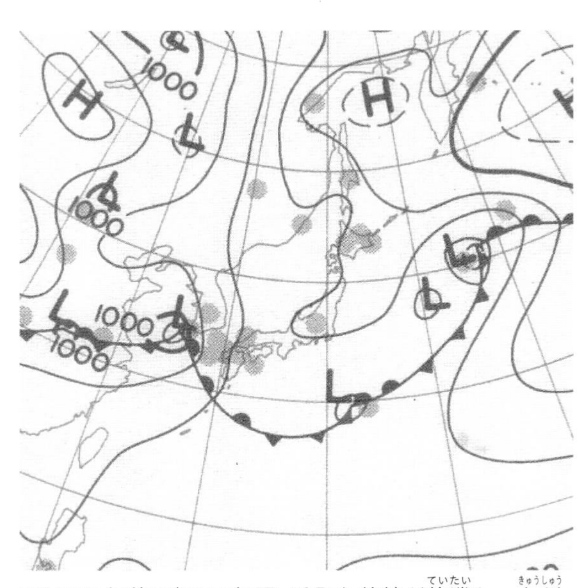

7月23日午前9時の天気図。活発な前線が停滞し、九州西部を中心に大きな被害をおよぼした。（気象庁ホームページより）

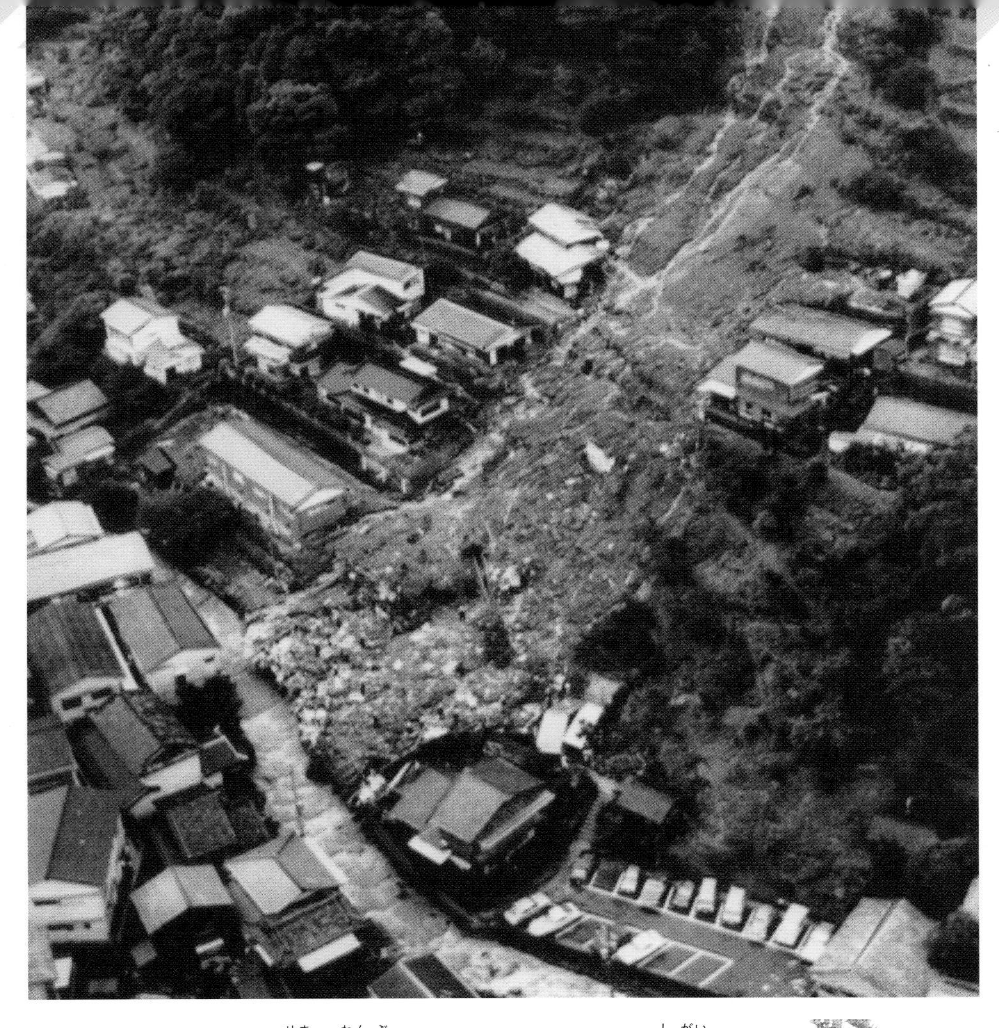

7月23日、長崎市の中心部に近い鳴滝地区で大規模な土砂崩れが発生し、24人が生き埋めになった。(写真：毎日新聞社/アフロ)

教訓はどう生かされた?

狭い湾部に面した長崎市は、市街地の多くが急な斜面の上にあります。そのため、ひとたび豪雨に見舞われると、一気に河川や低地に向かって水が押しよせるため、河川の氾濫や土砂災害が起こりやすい特徴があります。

加えて長崎市では、7月23日の夜に尋常でない量の雨が一気に降ったため、それまでにない激しい被害を受けました。

気象台では、梅雨末期などの大雨が予想される時期に「大雨警報」を発令していましたが、ひんぱんに出されるために、住民側も自治体側も次第に緊張感がうすれてきていました。これを重く見た気象台は、大雨警報発令中に、１時間に100mm前後の「数年に一度程度しか発生しないような短時間の大雨」が予測される場合、「記録的短時間大雨情報」の発表を1986年から開始しました。

これは、大雨が続いてすでに危険な状態になっていること、そしてさらなる危険が迫っていることの両方を地域住民に知らせるもので、土砂災害などへの注目度が高まる結果となりました。

長崎市の繁華街では、河川の氾濫で２m近く冠水した。このときの水位を記した記念碑が、市内の何か所かにたてられている。

知っておこう！ エルトゥールル号遭難事故

1890（明治23）年秋の台風シーズンのことでした。オスマン帝国（今のトルコ）の親善大使を乗せた軍艦エルトゥールル号が、悪天候のなか横浜港を出港していきました。皇帝からの親書を明治天皇に手渡す大役を終えた司令官は、一刻も早く帰国の途につこうとしていたのです。

しかし9月16日の夜、紀伊半島沖を西に進んでいたエルトゥールル号は、折からの台風の強風にあおられ、半島南端の樫野崎で岩礁に激突して沈没してしまいました。乗組員600人以上が海に投げ出されてしまったのです。

樫野地区から大島村に事故の一報が入ったのは翌朝のことでした。村ではすぐさま、郡の役所と和歌山県庁に使者を出すとともに、すべての村民とともに生存者の救出とけが人の手当てを行いました。決して裕福ではない村人たちでしたが、家にある食料や衣料を差し出し、懸命の救護にあたりました。

オスマン帝国の軍艦エルトゥールル号。

その結果、587人が死亡するという、それまでの日本の海難史上最悪のいたましい事故となりましたが、69人が村人に救出され、オスマン帝国へと生還することができました。

このエルトゥールル号遭難事故は、村人の献身的な行いとともに、日本・トルコ両国で後世に語りつがれることになります。そしてもうひとつ、日本の自然災害史上、とても重要なできごととなりました。

大島村は当時まだ電信設備もない小さな村でした。事故の報を受けた沖村長は、すぐさま村の医師たちに救護の指示を出し、村人たちによる生存者捜索の指揮をとり、合わせて電信設備のある町に複数の使者を出して、郡、県だけでなく、東京の宮内省にも急を告げました。国からの反応も早く、軍艦や救護要員をすぐに派遣するなど、国を挙げての支援体制がとられました。

いかに早く、正確に、必要なところに情報を伝えるか。それが大規模な災害時の対応でとても重要になります。エルトゥールル号遭難事故は、その手本を示す事例となったのです。

和歌山県串本町のトルコ軍艦遭難慰霊碑。エルトゥールル号の乗組員が埋葬された場所にたつ。

〈1989年－〉

平成以降の気象災害

平成26年8月豪雨が、広島市安佐南区などに大規模な土砂崩れを発生させた。(写真：毎日新聞社/アフロ)

収穫のない田んぼで青刈作業をする農家（青森県十和田市内）。（写真：毎日新聞社 / アフロ）

冷夏で店頭から米が消えた

1993年米騒動

●1993（平成5）年

1993 年に日本が見舞われた記録的な冷夏により、全国的におちいった米不足のことをいいます。1918 年に起こった大正の米騒動（米の価格が極端に高騰したために起きた米不足）に対して、「平成の米騒動」とも呼ばれています。

1993 年の米騒動のきっかけは、夏の記録的低温や日照不足、長雨などの天候不順が長引き、イネが全国的に生育不良になったことによるものです。この冷夏の原因のひとつを、1991 年のフィリピン・ピナトゥボ山の大噴火とする研究者もいます。

米農家では、生育の悪いイネを青刈（まだ実がなる前に刈り取ること）せざるをえない状況になりました。そして消費者はもちろん、卸売業者なども米の確保に躍起になったため、店頭から米が消えるという事態になってしまったのです。

当時の政府は、タイやアメリカなどから米を初めて輸入することを決めました。

1991 年のフィリピン・ピナトゥボ山の大噴火。

政府は、それまで国内の農家を保護するため、米の輸入を認めていませんでしたが、この非常事態のために米の緊急輸入の解禁に踏み切りました。

やがて国産米が回復してくると、大量に輸入され続けた米が今度は大量に余りはじめ、輸入米を国産と偽って売る「産地偽装」の問題まで浮上しました。

1993 年の米騒動が起こるまで、政府は生育不良による米不足に備えて米を蓄えておくということをしていませんでしたが、これを機に一定数を保存しておく「政府備蓄米」の制度を 1995 年にスタートさせました。

また、米の品種についても変化がありました。それまで作付面積の多かった品種に代わり、低温に強いとされる「ひとめぼれ」などの作付が増えることになりました。

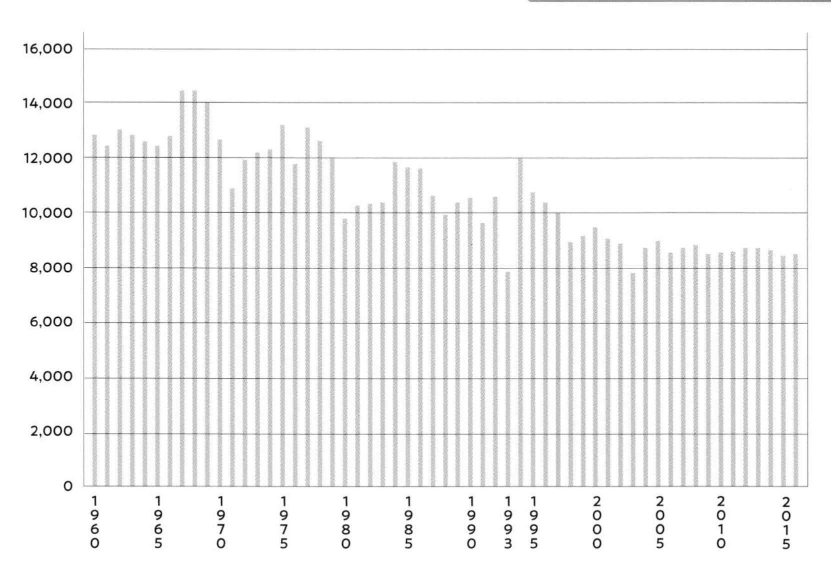

米の国内生産量（千トン）。1993 年の生産量が特に少ない。（厚生労働省資料をもとに作成）

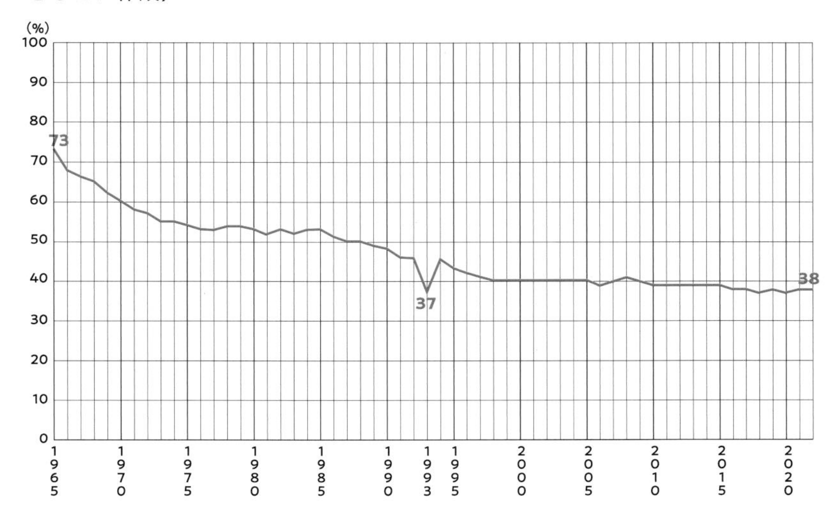

カロリーベース（摂取する熱量で換算）による国内の食料自給率。1993 年の割合が突出して少ない。（農林水産省資料をもとに作成・輸入された家畜の餌のカロリーも含む）

当時の政府（細川護煕内閣）が輸入を決めたオーストラリアとアメリカの米。（写真：毎日新聞社 / アフロ）

ＪＲ羽越本線で起きた雪による脱線転覆事故（2005年12月26日撮影）。（写真：毎日新聞社/アフロ）

各地で過去最大の積雪量

平成18年豪雪 ●2005（平成17）年12月～

2005年の秋、気象庁はその年の冬の気温は全国的に高めで、暖冬となる見込みと発表していました。

しかし、気象庁の予想に反し、12月には強い寒気が日本列島に流れこんで、2005年12月から翌年の１月までほとんど毎日が冬型の気圧配置（→P6）となり、各地に寒波や大雪をもたらしました。12月中旬に名古屋市で58年ぶりの大雪が降るなど、全国の40か所で12月としては過去最大の積雪量となりました。また、２月には新潟県の津南町で４ｍを超える積雪を記録しました。

気象庁は翌2006年３月に「平成18年豪雪」と名づけました。気象庁による豪雪の命名は、1962年の昭和38年１月豪雪（三八豪雪）（→P24）以来となりました。

この大雪で、山形県でＪＲ羽越本線の特急列車が脱線転覆し、5人が死亡しました。また、雪下ろし中の事故が多いのも、この豪雪災害の特徴となりました。

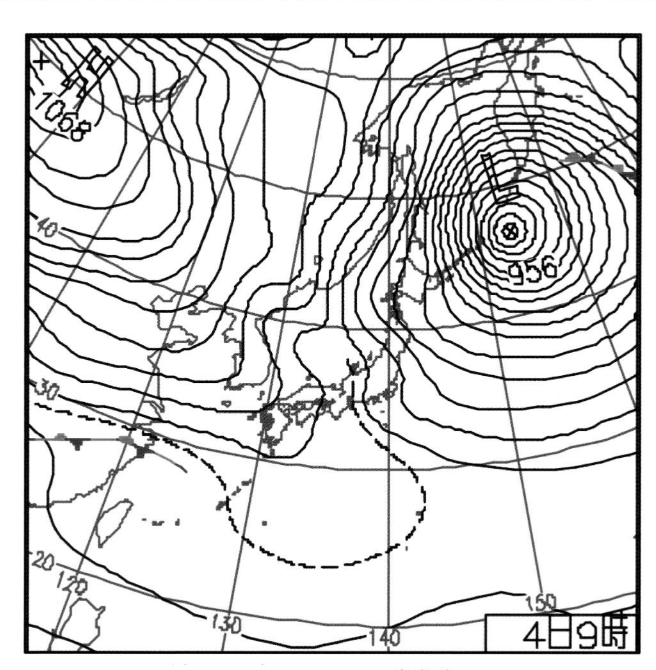

2006年１月４日の天気図。青森県の酸ケ湯や新潟県津南町などで積雪４ｍを超えた。（気象庁ホームページより）

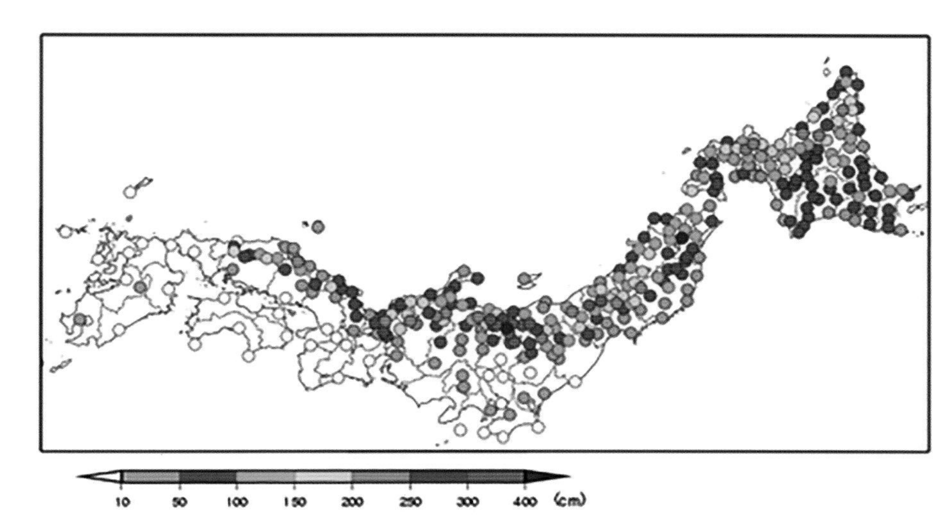

北海道から東北、北陸、山陰地方まで、積雪が広範囲にわたった。(気象庁ホームページより)

この豪雪による犠牲者は152人となり、特に新潟県での死者が最も多くなりました。屋根から転落したり、屋根からの落雪の下敷きになったりするなど、高齢者による雪下ろし中の事故が全体の7割をしめました。

昭和38年1月豪雪（三八豪雪）の被害と比較されますが、平成18年豪雪では体力がおとろえた高齢者が雪下ろしをしなければならなくなったという事情が犠牲者を多くしたといわれています。改めて、山あいの地区での高齢化や過疎化の問題がクローズアップされる結果となりました。

また、2004年に新潟県中越地震（→❷巻P20）で大きな被害を受けた山古志村（現・新潟県長岡市）などは、この豪雪で2年続けての自然災害となりました。

新潟県津南町の豪雪のようす(2006年1月9日)。津南町では65歳以上の高齢者の割合が4割を超え、除雪の重労働が深刻な問題となっている。(写真：毎日新聞社/アフロ)

2014年8月20日の広島市安佐南区の土砂崩れ現場。（写真：毎日新聞社/アフロ）

線状降水帯という言葉を広めた

平成26年8月豪雨 ●2014（平成26）年8月19-20日

何が起こった？

2014年8月15日から20日にかけて、前線（→ P7）が本州付近に停滞し、暖かく湿った空気がこの前線に向かって流れこみ続けていました。全国的に大気の状態が不安定になるなか、特に中国地方で局地的に猛烈な雨が降りました。

さらに19日夜から20日明け方にかけて、広島県の狭い範囲に線状降水帯（→ P7）が発生。真夜中に記録的豪雨が集中しました。大規模な土砂災害が166か所で発生し、広島市安佐北区や安佐南区などで77人（関連死を含む）が亡くなる大きな災害となりました。

「数百年に一回程度よりはるかに少ない確率」で起こった豪雨で、気象庁では「平成26年8月豪雨」と名づけました。また、政府はこの豪雨災害を激甚災害（著しく激しいと政府が判断し、特別な援助を行う災害）に指定しました。また、新聞などでは「広島土砂災害」の名前で報道されました。

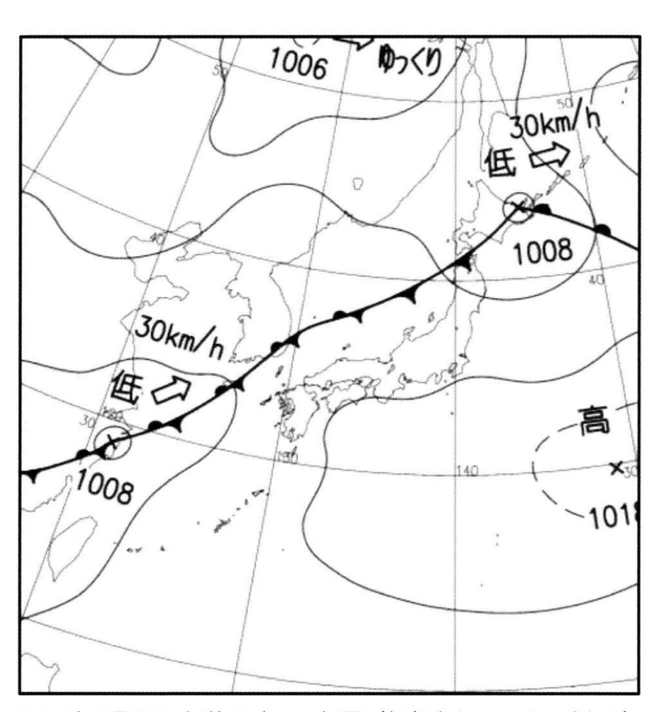

2014年8月20日午前９時の天気図。（気象庁ホームページより）

※「平成26年8月豪雨」は、8月の台風11号、12号による豪雨を含みますが、このページでは特に被害が大きかった8月19-20日の広島県を中心とした災害を紹介します。

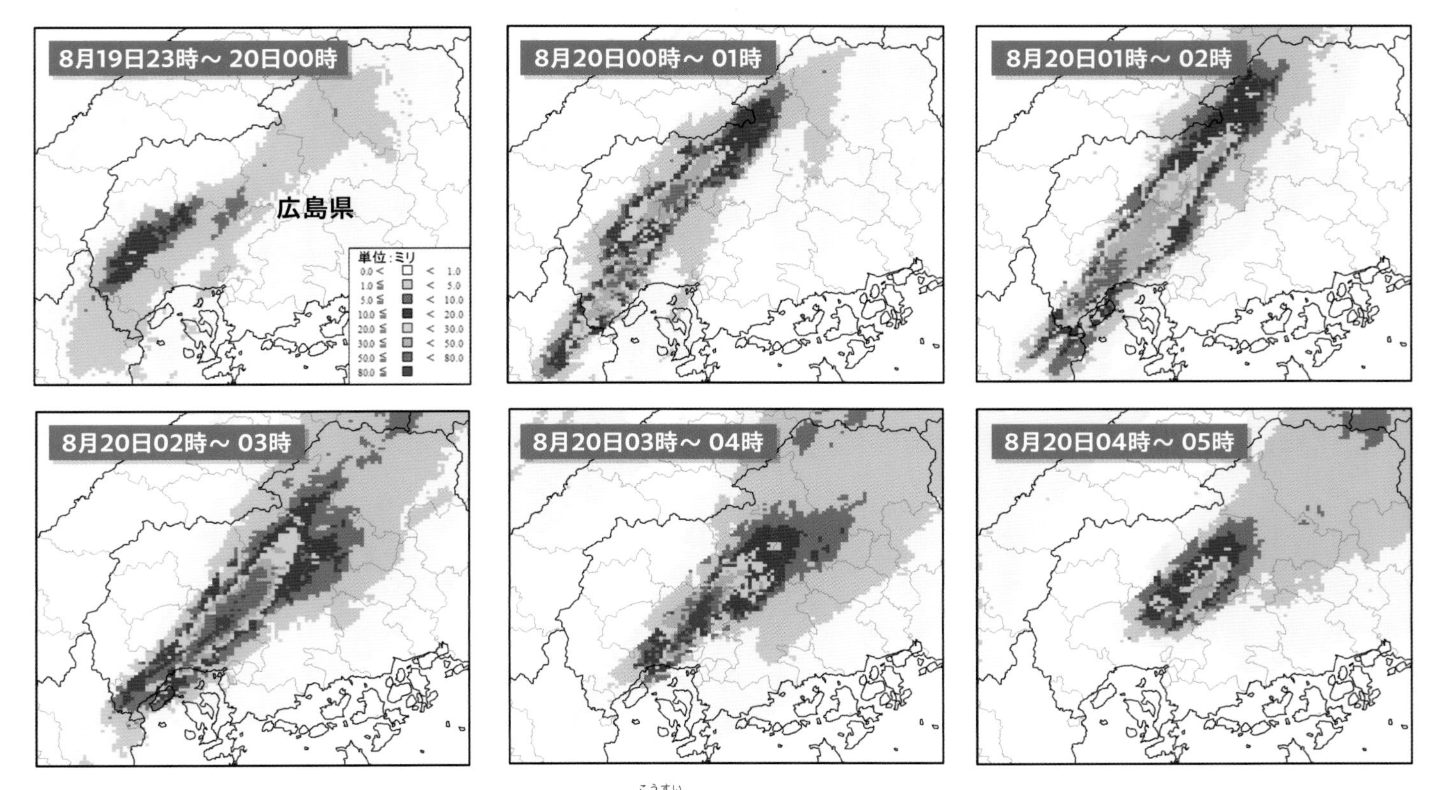

2014年8月19日深夜から8月20日未明にかけての広島県内の降水のようす。県西部の同じ場所で、ほぼ6時間連続して線状降水帯がかかり続けた。（気象庁ホームページより）

広島県には土砂災害の危険箇所が多く、約3万2000か所あるとされています。特に人口が多い広島市周辺に多くなっています。

2014年8月のこの豪雨災害は、広島市の安佐北区や安佐南区の、山を切り開いて斜面の下や谷の近くにつくられた、人家が密集する住宅地で起こりました。住宅地の背後の山が、線状降水帯による豪雨で崖崩れを起こしたのです。また、「マサ土」といって、広島県など中国地方の山地が、もろくて崩れやすい砂のような土に覆われているのも原因のひとつでした。

1999年の広島での土砂災害をきっかけにして、2000年に土砂災害防止法が制定されました。人家に影響をおよぼすおそれがある地域を調査し、警戒すべき区域を指定して土砂災害を防止する目的でしたが、災害が起こった安佐北区や安佐南区はこのときに指定されていませんでした。避難指示の発表が遅れたこともあり、行政の不備が指摘されました。

平成26年8月豪雨で壊滅的な被害を受けた広島市安佐南区の現場のようす。陸上自衛隊による懸命な救助作業が行われた。（写真：ロイター/アフロ）

2017年7月5日に大雨によって冠水した福岡県朝倉市の道路。(写真：読売新聞/アフロ)

九州を中心に記録的な豪雨

平成29年7月九州北部豪雨 ●2017(平成29)年7月5~6日

2017年の梅雨明けが近づくころ、福岡県と大分県を中心とする九州北部で集中豪雨が発生しました。梅雨前線（→ P7）が停滞し、そこに向かって南から暖かく湿った空気が送られる一方、上空に冷たい空気があることで線状降水帯（→ P7）が発生。記録的な降水量となりました。

特に福岡県朝倉市付近では、3時間で約400mm、12時間で約900mmもの激しい降雨を記録しました。気象庁は福岡県、続いて大分県にも大雨特別警報を発表し、避難を呼びかけました。この豪雨による41人の死者・行方不明者のうち、35人は朝倉市で犠牲となりました。人的被害が多かったため、気象庁は「平成29年7月九州北部豪雨」と名づけました。

この豪雨で果樹を植えた山が崩れたり、ビニールハウスに土砂が流れこむなど、深刻な被害が出ました。日本三大林業地のひとつ大分県日田市では、多くの杉が流され、押しよせた流木が被害を増大させました。

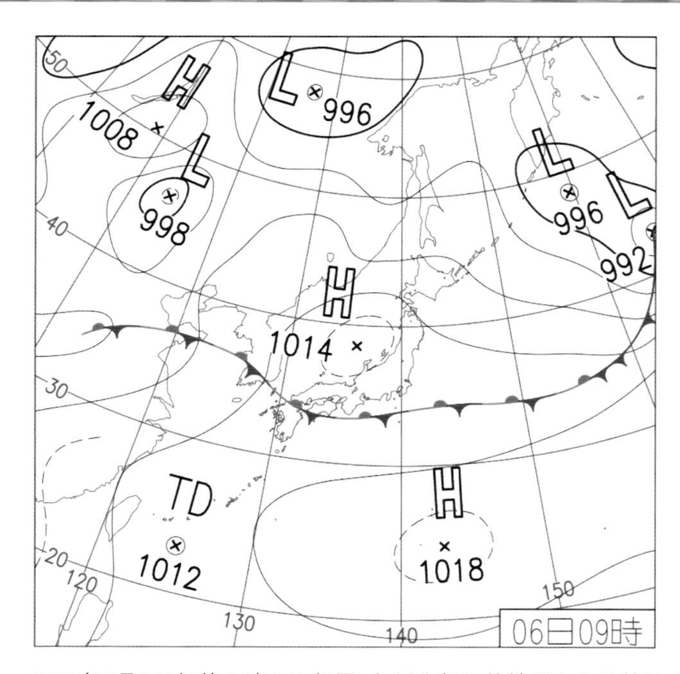

2017年7月6日午前9時の天気図。九州北部に前線がかかり続けた。TDは熱帯低気圧を示す。(気象庁ホームページより)

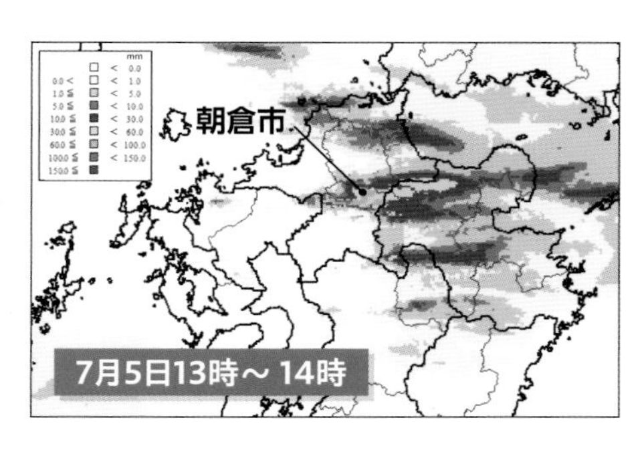

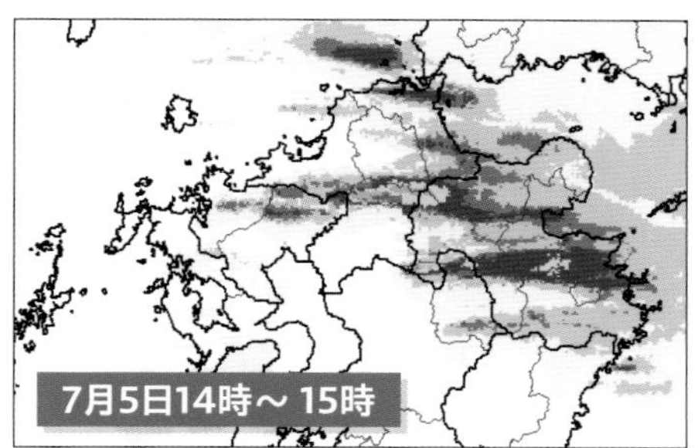

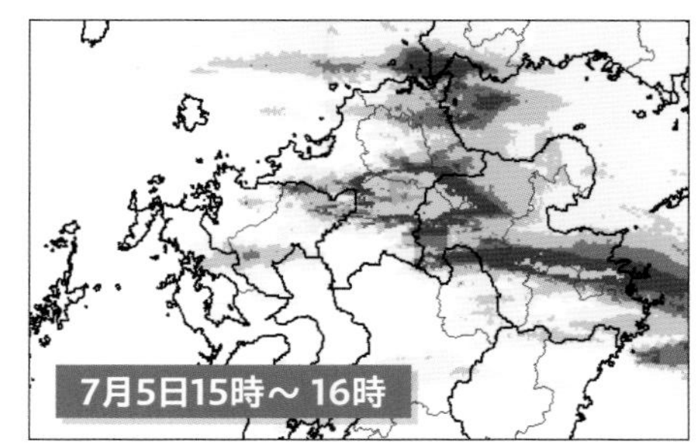

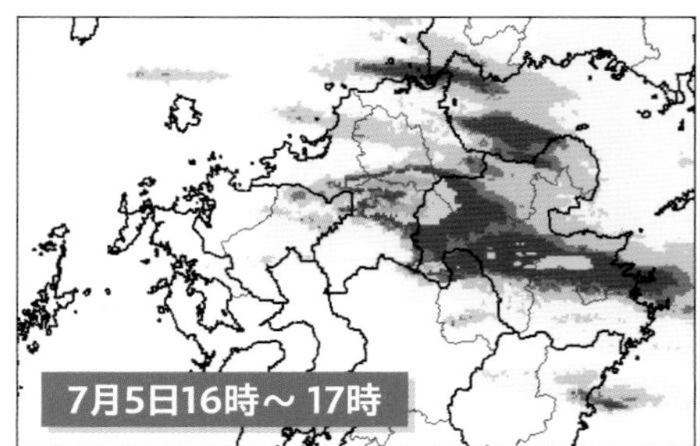

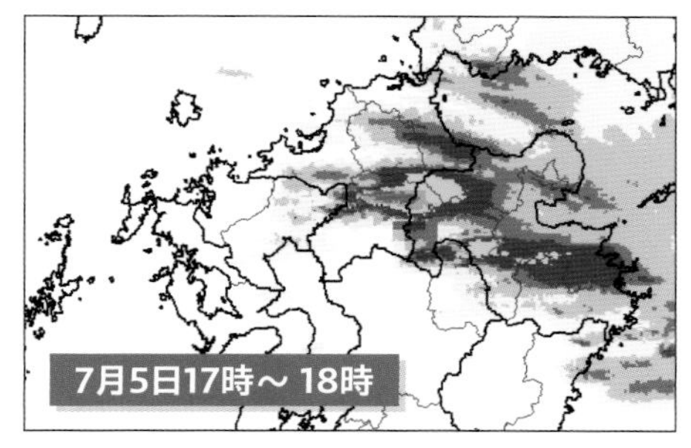

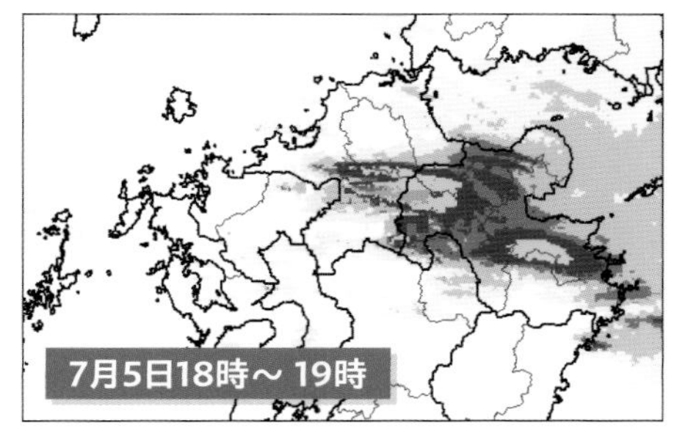

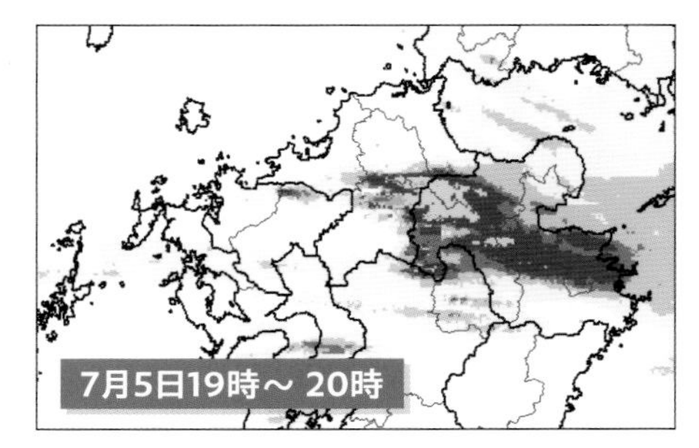

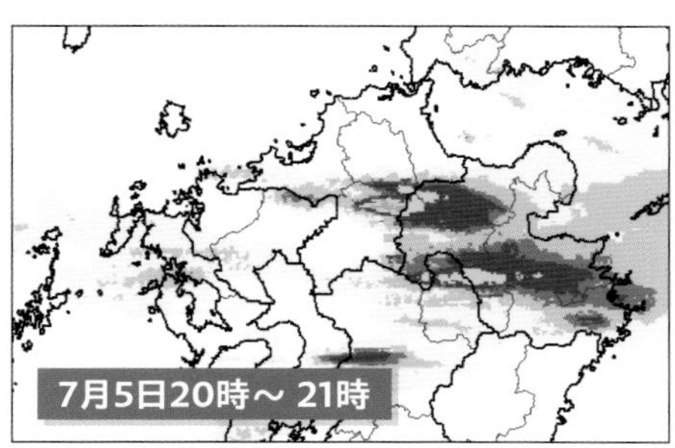

2017年7月5日午後の福岡県や大分県にかかる雨雲の動き。線状降水帯となって、福岡県朝倉市付近にかかり続けている。（気象庁ホームページより）

豪雨災害発生からおよそ２か月が過ぎ、なお行方不明者の捜索が消防隊員らによって続けられた（福岡県朝倉市の筑後川）。

増水して全開放した兵庫県の加古川大堰（2018年7月7日）。（写真：読売新聞/アフロ）

西日本で堤防決壊の甚大な被害

平成30年7月豪雨 ●2018（平成30）年6月28日～7月8日

2018年6月末から7月初めにかけて、梅雨前線（→ P7）と台風の影響で日本付近に暖かく湿った空気が供給され続け、西日本を中心に広い範囲で記録的な大雨となりました。

6月28日から7月8日にかけての総雨量は、四国地方で1800mm、東海地方で1200mmを超えるなど、7月の月平均降雨量の2倍から4倍となったところもありました。

この雨で西日本を中心に各地で河川の氾濫・洪水・崖崩れが発生。死者・行方不明者は232人に達し、長崎大水害（→ P26）以来最悪となりました。特に岡山県倉敷市真備町では51人が亡くなりました。

真備町では狭い地域で堤防が決壊し、あふれた水が一気に町に流れこみました。ハザードマップの想定通りでしたが、亡くなった51人の8割は70歳以上の高齢者で、外に避難するより2階の方が安心との過信があり、自宅内で命を落としてしまいました。

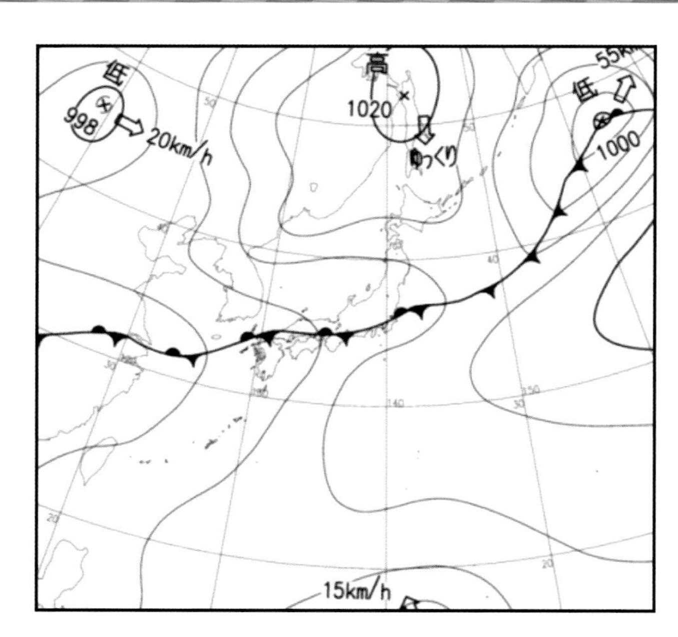

2018年7月6日午前9時の天気図。関東から九州北部にかけて前線が停滞している。この日の夜に岡山県などに大雨特別警報が出された。（気象庁ホームページより）

真備町では、この豪雨で市内を流れる小田川やその支流の川が決壊して氾濫を起こし、大きな災害となりました。真備町のおよそ4分の1が浸水し、死者のほとんどが水死によるものでした。

このとき、**バックウォーター現象**が起こっていたと考えられています。これは支川（小田川）の合流先である本川（高梁川）が増水することにより、支川の水が堰き止められ、逆流して堤防の決壊などを起こすものです。

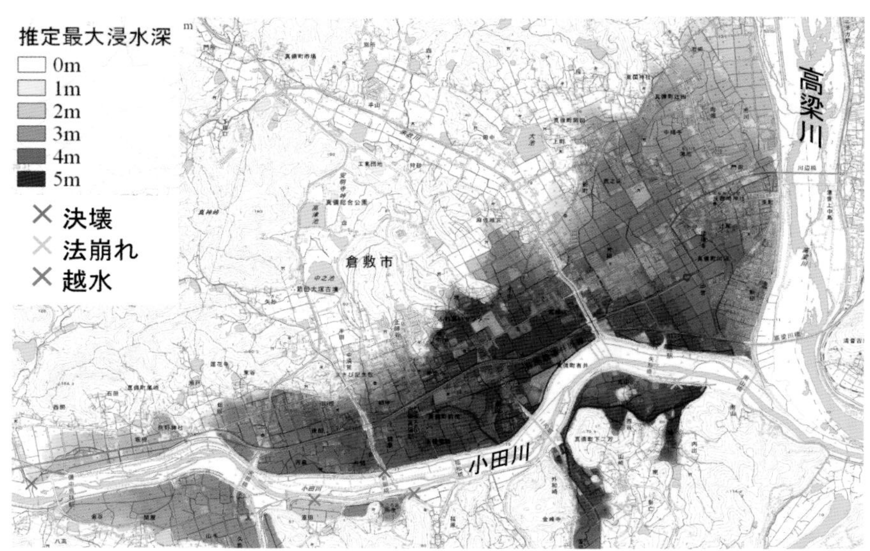

真備町の浸水のようす(推定)。(国土地理院ホームページ「平成30年7月豪雨による倉敷市真備町周辺浸水推定段彩図」をもとに作成)

バックウォーター現象のしくみ

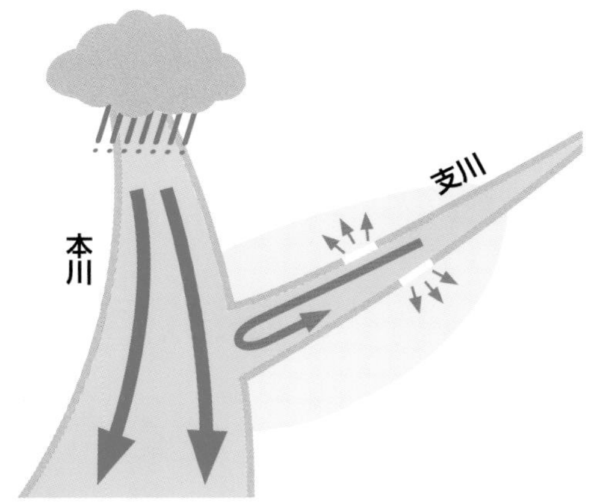

大雨で本川の水位が高くなり、支川の水が本川に流れずに逆流して、支川の堤防が耐えきれずに決壊する。

真備町で泥水の中を救助に向かう自衛隊の車両。(写真：ロイター/アフロ)

この豪雨の被害は京都府などにもおよんだ。観光地として有名な京都市の渡月橋付近でも、桂川の増水が見られた。

千葉県市原市でゴルフ練習場のポールや電柱が強風で倒れた（2019年9月9日）。（写真：毎日新聞社/アフロ）

関東に暴風と大雨

令和元年房総半島台風 ●2019（令和1）年9月9日

2019年9月5日に南太平洋で発生した台風15号は、9月9日早朝に神奈川県の三浦半島に上陸後に東京湾を横断、千葉市付近に再上陸しました。千葉市で最大風速35.9m/sを記録するなど、関東南部に暴風雨をもたらしました。関東地方に上陸した台風としては観測史上最強クラスでした。

この台風で千葉県と東京都で9人が死亡。千葉県市原市では、高さ10mを超えるゴルフ練習場の複数の鉄柱が風圧で倒壊し、となりの民家を直撃するなどの被害が出ました。また、首都圏をはじめとして約93万5000戸で停電が発生しました。

気象庁は台風15号を「令和元年房総半島台風」と名づけました。また、政府はこの台風の約1か月後に発生した令和元年東日本台風とともに、激甚災害（→ P34）に指定することを決めました。

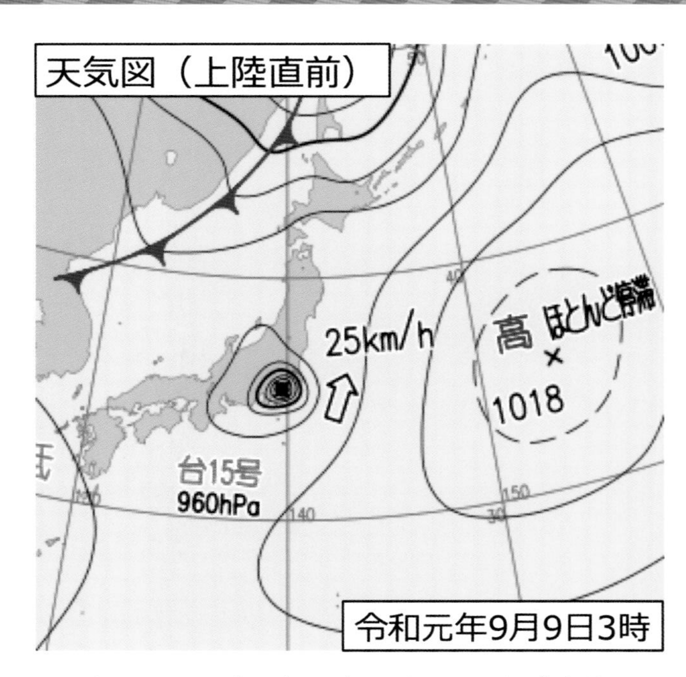

2019年9月9日午前3時の天気図。台風15号が千葉市付近に上陸したあと、北上している。（気象庁ホームページより）

2019年10月12日、千葉県で竜巻と見られる突風が発生した。（写真：新華社/アフロ）

再び東日本で記録的豪雨

令和元年東日本台風 ●2019（令和1）年10月12日

10月6日に南鳥島付近で発生した台風19号は、大型で猛烈な勢いに発達して北上し、12日の午後7時ごろ、静岡県の伊豆半島に上陸しました。

この台風で、関東地方、山梨県、長野県、静岡県、新潟県など、東日本の17の地点で500mmを超える記録的豪雨となり、特に神奈川県箱根町では降り始めからの降水量が1000mmを超えました。東日本の1都12県に大雨特別警報が出されました。

この台風では大雨による洪水や土砂災害の被害が拡大しました。全国の71の河川の128か所で堤防が決壊。福島県の38人をはじめ、全国の死者・行方不明者は121人に上りました。長野市を流れる千曲川では堤防が70mにわたって決壊し、住宅内で水や土砂に襲われたり、車で移動中に死亡する例が多く発生しました。

神奈川県川崎市では、多摩川が氾濫しました。川沿いにたつ高層マンションの地下が水につかり、停電でエレベーターが止まって、住民の生活が大混乱しました。

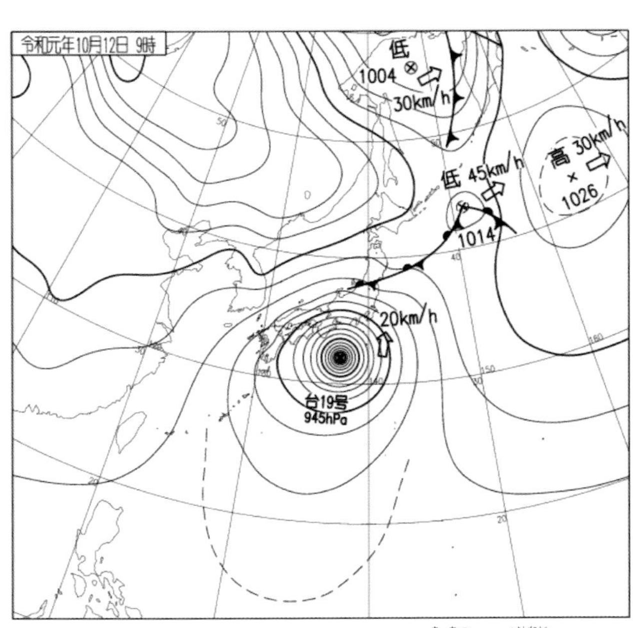

2019年10月12日午前9時の天気図。中心気圧945hPaの台風19号が東海・関東地方に接近している。（気象庁ホームページより）

120両が水びたしになった長野新幹線車両センター（2019年10月13日）。（写真：読売新聞/アフロ）

こんなことが起きていた

令和元年東日本台風での千曲川の決壊は、長野県内にいろいろな被害をおよぼしました。

長野市を通って東京と金沢を結ぶ北陸新幹線は、長野駅と上越妙高駅間で約２週間運休になったほか、長野新幹線車両センターでは新幹線車両10編成120両が水をかぶり、全て廃車となりました。

上田駅と別所温泉駅を結ぶ上田電鉄別所線では、シンボルのひとつになっていた千曲川にかかる赤い鉄橋が崩落。復旧したのはおよそ１年５か月後でした。

また千曲川が決壊した場所は、「アップルライン」と呼ばれる国道の両側に特産のりんご畑が多く見られる地域で、収穫を間近にひかえていたりんご農家では、大きな被害を受けました。

崩落した上田電鉄別所線の千曲川橋梁。（写真：岡田光司/アフロ）

台風は収穫期を迎えていたりんご畑を直撃した。（写真：高椋俊樹/アフロ）

伊豆山の住宅地をのみこんだ大量の土砂（2021年7月5日）。（写真：毎日新聞社/アフロ）

土石流が住宅地を直撃

熱海伊豆山土石流災害 ●2021（令和3）年7月3日

2021年7月3日朝、停滞する梅雨前線（→ P7）に暖かく湿った空気が入りこみ、東海地方から関東にかけて大気が不安定な状態が続きました。特に静岡県熱海市にある観測点では、7月としては観測史上最多の降水量を記録していました。

そして午前10時半ごろ、熱海市伊豆山地区の山間部の川沿いで地滑りが発生。斜面にたつ住宅や商店街をまたたく間に土石流が襲い、海岸まで到達しました。災害関連死を含めて合わせて28人が亡くなりました。

被害が大きくなった原因は、川の上流部に施された違法な盛り土（斜面に土を盛り上げて平らな土地にすること）が崩壊したこととわかりました。

これをきっかけに全国に管理のずさんな盛り土が存在していることがわかり、盛り土の規制が強化されました。

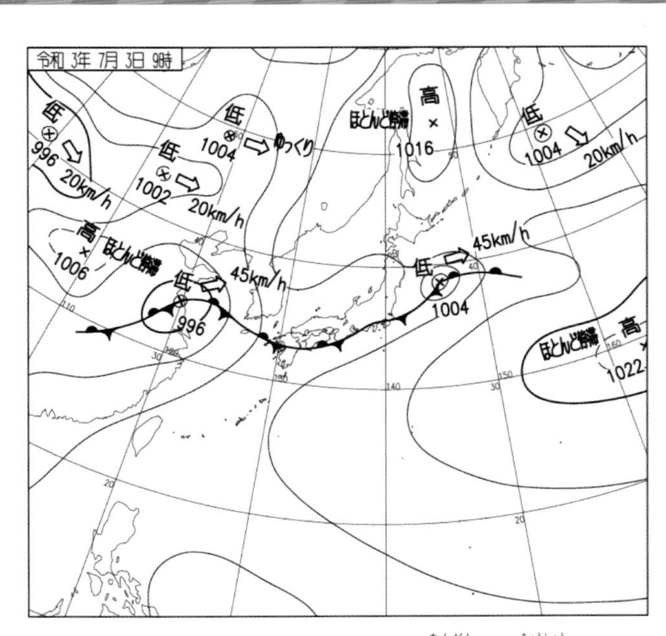

2021年7月3日午前9時の天気図。関東南岸から九州まで前線が停滞している。（気象庁ホームページより）

日本の気象災害に関する年表

江戸・明治時代から平成時代以降のおもな気象災害や、気象に関係のあるできごとを年代順にまとめました。
（　）はおもな被災地と全国の死者・行方不明者の数を示します。データはおもに『理科年表 2023』（丸善出版）によります。

江戸・明治・大正時代

- 1742年　寛保２年江戸洪水（現在の埼玉県と東京都・1.3万人以上）
- 1828年　シーボルト台風（現在の長崎県と佐賀県・1万人規模）
- 1875年　東京気象台設立
- 1883年　東京気象台で初の天気図作製・配布
- 1884年　天気予報を開始
- 1887年　中央気象台と改称
- 1890年　エルトゥールル号遭難事故（和歌山県・約500人）
- 1902年　八甲田山雪中行軍遭難事故（青森県・199人）
- 1910年　関東大水害（関東平野・1359人）
- 1917年　大正６年の高潮（東京都・1324人）

昭和時代

- 1934年　室戸台風（阪神・3036人）
- 1938年　阪神大水害（阪神・925人）
- 1945年　枕崎台風（広島県・3756人）
- 1947年　カスリーン台風（関東・1930人）
- 1948年　アイオン台風（岩手県・838人）
- 1949年　デラ台風（全国・468人）
  キティ台風（関東・160人）
- 1950年　ジェーン台風（近畿・539人）
  世界気象機関（WMO）設立（日本は1953年に加盟）
- 1951年　ルース台風（九州～山口県・943人）
- 1953年　昭和28年西日本水害（九州・1013人）
  南紀豪雨（和歌山県・1124人）
- 1954年　洞爺丸台風（北海道・乗客乗員含む1761人）
- 1956年　中央気象台が気象庁に昇格
- 1957年　南極昭和基地で気象観測開始
  諫早豪雨（長崎県・992人）
- 1958年　狩野川台風（静岡県・1269人）
- 1959年　伊勢湾台風（愛知県・5098人）
- 1961年　昭和36年梅雨前線豪雨（長野県・357人）
  第二室戸台風（近畿・202人）
- 1963年　昭和38年1月豪雪（三八豪雪）（新潟県・231人）
- 1964年　昭和39年7月山陰北陸豪雨（島根県・128人）
- 1966年　台風第24・26号（山梨県・318人）
- 1967年　昭和42年7月豪雨（長崎県・371人）
  羽越豪雨（新潟県と山形県・146人）
- 1968年　台風第7号・前線（西日本・133人）
- 1972年　昭和47年7月豪雨（熊本県・高知県・447人）
- 1974年　地域気象観測システム（AMeDAS）運用開始
- 1976年　台風第17号・前線（全国・169人）
- 1978年　初の静止気象衛星ひまわりによる観測開始
- 1980年　初の降水確率予報を東京で開始
- 1982年　昭和57年7月豪雨・台風第10号（長崎県・440人）
- 1983年　昭和58年7月豪雨（島根県・117人）

平成時代以降

- 1993年　平成5年8月豪雨（鹿児島県・79人）
  1993年米騒動
- 2000年　東海豪雨（愛知県・11人）
- 2005年　平成18年豪雪（新潟県・152人）
- 2014年　平成26年8月豪雨（広島県・91人）
- 2017年　平成29年7月九州北部豪雨（福岡県・41人）
- 2018年　平成30年7月豪雨（岡山県・232人）
- 2019年　令和元年房総半島台風（千葉県・9人）
- 2019年　令和元年東日本台風（福島県～長野県・121人）
- 2021年　熱海伊豆山土石流災害（静岡県・28人）

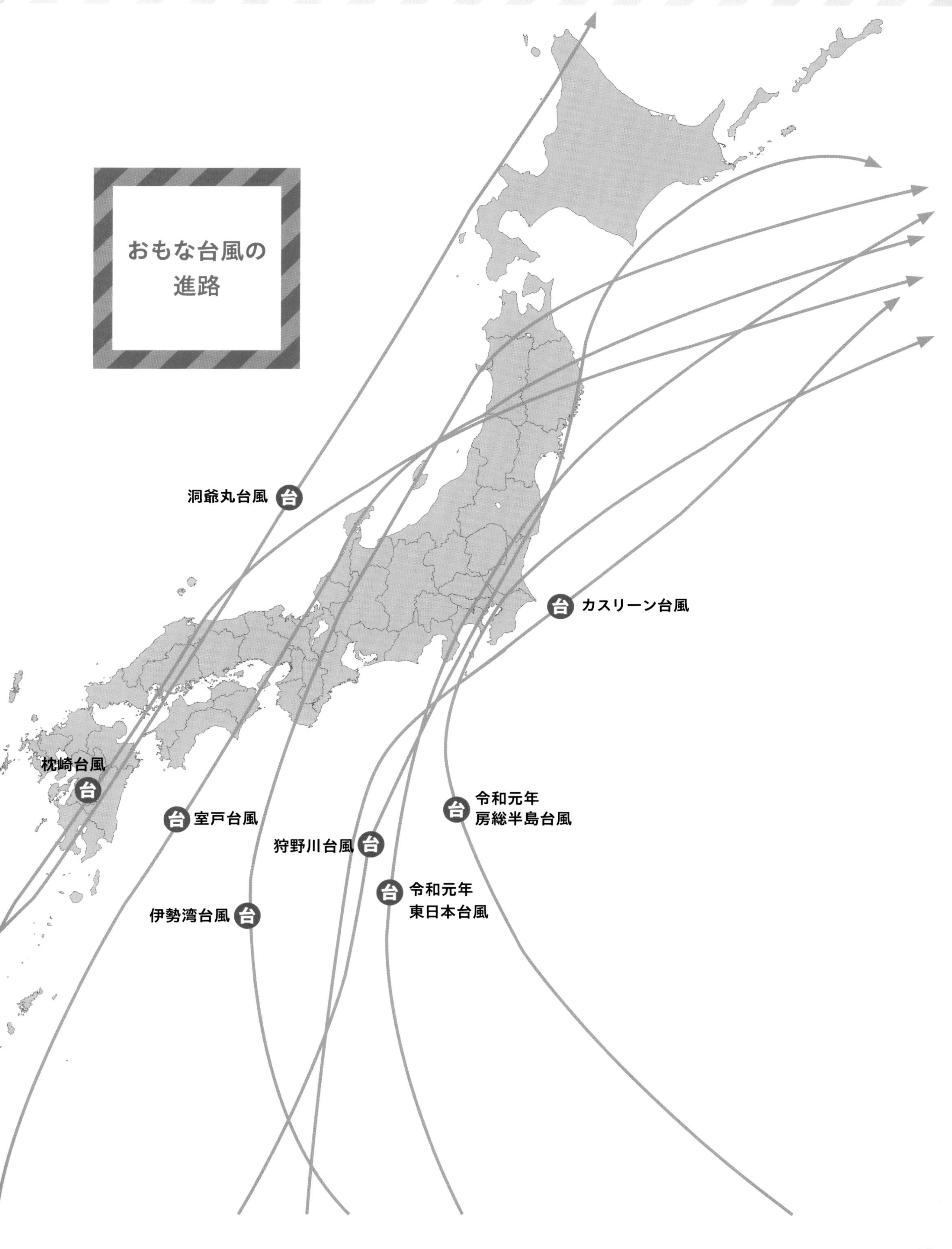
おもな台風の
進路
洞爺丸台風
台
カスリーン台風
枕崎台風
室戸台風
令和元年
房総半島台風
狩野川台風
令和元年
東日本台風
伊勢湾台風

さくいん

あ

アイオン台風 …… 44
青刈 …… 30
秋雨前線 …… 7
熱海伊豆山土石流災害 …… 43・44
アップルライン …… 42
雨台風 …… 16
AMeDAS …… 44
荒川 …… 16
諫早水害 …… 44
伊勢湾 …… 22
伊勢湾台風 …… 5・8・22-23・44
移動性高気圧 …… 6
上田電鉄別所線 …… 42
エルトゥールル号遭難事故 …… 28・44
大雨警報 …… 27
大雨特別警報 …… 36・41
太田川 …… 15
太田川放水路 …… 15
オホーツク海高気圧 …… 6
温暖前線 …… 7

か

カスリーン公園 …… 17
カスリーン台風 …… 1・16-17・44
風台風 …… 18
狩野川 …… 20-21
狩野川台風 …… 20-21・44
狩野川放水路 …… 21
関東大水害 …… 44
寛保2年江戸洪水 …… 44
寒冷前線 …… 7
気圧 …… 6
気圧の谷 …… 6
気圧配置 …… 6
気象 …… 6
気象庁 …… 44
キティ台風 …… 44
教育塔 …… 11
記録的短時間大雨情報 …… 27
激甚災害 …… 34・40
決潰口跡 …… 17
高気圧 …… 6
降水確率予報 …… 44
米騒動 …… 30

さ

災害対策基本法 …… 23
産地偽装 …… 31
三八豪雪 …… 24-25・32-33・44
シーボルト台風 …… 44
ジェーン台風 …… 44
シベリア高気圧 …… 6
消雪パイプ …… 25
昭和57年7月豪雨 …… 26-27・44
昭和58年7月豪雨 …… 44
昭和38年1月豪雪 …… 24-25・32・33・44
昭和39年7月山陰北陸豪雨 …… 44
昭和36年梅雨前線豪雨 …… 44
昭和28年西日本水害 …… 44
昭和の三大台風 …… 14
昭和47年7月豪雨 …… 44
昭和42年7月豪雨 …… 44
青函トンネル …… 19
青函連絡船 …… 9・18-19
西高東低 …… 6
静止気象衛星 …… 44
政府備蓄米 …… 31
世界気象機関 …… 44
積乱雲 …… 7
1993年米騒動 …… 30・44
線状降水帯 …… 7・34-35・36-37
前線 …… 7

た

大正6年の高潮 …… 44

第二室戸台風 …… 23・44
台風 …… 8
台風第10号(1982年) …… 44
台風第17号(1976年) …… 44
台風第7号・前線(1968年) …… 44
台風第24・26号(1966年) …… 44
台風の特異日 …… 22
太平洋高気圧 …… 6
高潮 …… 8・10-11
多摩川 …… 41
地域気象観測システム …… 44
千曲川 …… 41-42
中央気象台 …… 44
低気圧 …… 6
停滞前線 …… 7
デラ台風 …… 44
天気図 …… 6・44
天気予報 …… 44
東海豪雨 …… 44
東京気象台 …… 44
洞爺丸 …… 9・18-19
洞爺丸台風 …… 18-19・44
特別警報 …… 11
土砂災害防止法 …… 35
土石流 …… 43
利根川 …… 16
トルコ軍艦遭難慰霊碑 …… 28

な

長崎豪雨 …… 26
長崎大水害 …… 26・38
長野新幹線車両センター …… 42
南紀豪雨 …… 44
南極昭和基地 …… 44
熱帯低気圧 …… 8

は

梅雨前線 …… 7
バックウォーター現象 …… 39
八甲田山雪中行軍遭難事故 …… 44
阪神大水害 …… 12・44
ピナトゥボ山 …… 30
ひまわり …… 44
広島土砂災害 …… 34
フェーン現象 …… 18
平成5年8月豪雨 …… 44
平成30年7月豪雨 …… 38-39・44
平成18年豪雪 …… 32-33・44
平成29年7月九州北部豪雨 …… 36-37・44
平成26年8月豪雨 …… 7・29・34-35・44
平成の米騒動 …… 30
hPa …… 6
偏西風 …… 7
放水路 …… 15・21
暴風警報 …… 11
暴風特報 …… 11
北陸新幹線 …… 42
北海道新幹線 …… 19

ま

枕崎台風 …… 14-15・44
マサ土 …… 35
室戸台風 …… 8・10-11・44
盛り土 …… 43

や

雪下ろし …… 32-33

ら

ルース台風 …… 44
冷夏 …… 30
令和元年東日本台風 …… 40・41・42・44
令和元年房総半島台風 …… 40・44
六甲山地 …… 12-13

 **山賀 進** **やまが すすむ（元麻布中学校・高等学校地学教諭）**

1949年新潟県生まれ。名古屋大学理学部地球科学科卒業後、東京の中高一貫校で40年以上、理科の地学教諭を務め、教えた生徒数は延べ7000人を超える。
「われわれはどこから来て、どこへ行こうとしているのか。そしてわれわれは何者か」という根源的な問いを、現代科学がどう答えるかを長年の研究課題とし、著書を通じて、今の中学生・高校生たちにも問いかける。
著書に『科学の目で見る　日本列島の地震・津波・噴火の歴史』(ベレ出版)、『なぜ地球は人間が住める星になったのか？』(ちくまプリマー新書)、『日本列島地震の科学』(洋泉社)などがある。

●構成・文　鎌田達也(グループ・コロンブス)
●挿画　堀江篤史
●装丁・レイアウト　村﨑和寿(murasaki design)
●校正　株式会社鷗来堂
●画像提供・協力　気象庁・日本気象協会(tenki.jp)・国土地理院・阪神大水害デジタルアーカイブ・広島県砂防課・小国町・デジタルアーカイブ福井・防災科学技術研究所
アフロ　PIXTA

教訓を生かそう!
日本の自然災害史 4
気象災害　台風・豪雨・豪雪
2024年2月29日　第1刷発行

監　修　山賀　進
発行者　小松﨑敬子
発行所　株式会社岩崎書店
〒112-0005　東京都文京区水道1-9-2
電話(03)3812-9131(代表)／(03)3813-5526(編集)
振替00170-5-96822
ホームページ：https://www.iwasakishoten.co.jp
印刷　株式会社精興社
製本　大村製本株式会社

ISBN:978-4-265-09149-2　48頁　29×22cm　NDC450
Published by IWASAKI Publishing Co., Ltd.　Printed in Japan
ご意見ご感想をお寄せください。e-mail : info@iwasakishoten.co.jp
落丁本·乱丁本は小社負担でおとりかえいたします。

＼＼ 教訓を生かそう! ／／

日本の自然災害史

監修 山賀 進 元麻布中学校・高等学校地学教諭

1 地震災害❶ ■江戸～昭和の震災■

2 地震災害❷ ■平成以降の震災■

3 火山災害 ■噴火・火砕流■

4 気象災害 ■台風・豪雨・豪雪■